超級戰機

SUPERFIGHTERS

梅爾・威廉姆斯（Mel Williams） 著　王志波 譯

國家圖書館出版品預行編目 (CIP) 資料

超級戰機 / 梅爾 . 威廉姆斯 (Mel Williams) 著 ;
王志波譯 . -- 第一版 . -- 臺北市 : 風格司藝術
創作坊 , 2019.09
面 ; 公分 . -- (全球防務 ; 9)
譯自 : *Superfighters*
ISBN 978-957-8697-50-8(平裝)

1. 戰鬥機 2. 空軍

598.61 108008482

全球防務 009

超級戰機

Superfighters

作　　者：梅爾・威廉姆斯（Mel Williams）
譯　　者：王志波
責任編輯：苗 龍
出　　版：風格司藝術創作坊
地　　址：10671 台北市大安區安居街 118 巷 17 號
Tel：（02）8732-0530　Fax：（02）8732-0531
http://www.clio.com.tw
總 經 銷：紅螞蟻圖書有限公司
Tel：（02）2795-3656　Fax：（02）2795-4100
地　　址：11494 台北市內湖區舊宗路二段 121 巷 19 號
http://www.e-redant.com
出版日期：2019 年 9 月　第一版第一刷
訂　　價：480 元

Printed in Taiwan

引言

電子技術領域的巨大進步，從根本上改變了現代戰機和空戰的本質。智能電腦芯片和更為精密的軟件給航電系統和武器系統帶來了革命性變化，使機組成員和指揮官獲得了前所未有的精確偵察和攻擊能力。再加上國防預算緊縮、軍方苛刻的要求和全球化競爭，使得戰機的資金、概念和設計等方面都出現了全新的方式。這也使得新一代戰機在通用性、性能甚至外觀上與以前的戰機有所不同。本書詳細介紹了這些新戰機及其研製、系統、武器和生產前景。

目錄

CONTENTS

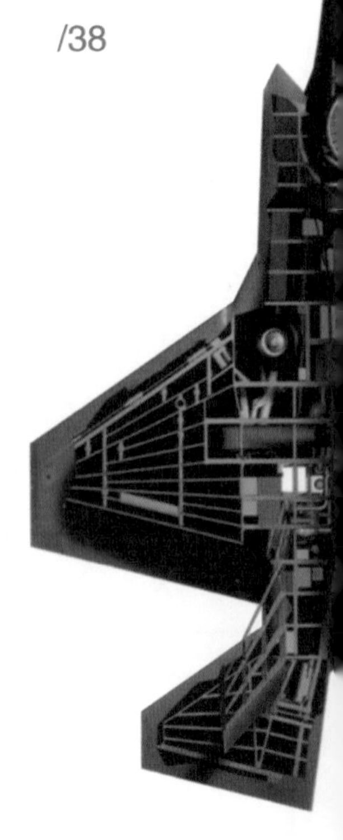

目錄
CONTENTS

上圖：儘管F-22A的設計初衷是通過隱身性能、先進的航電設備和智能武器的結合，進行超視距（BVR）戰鬥，但是它也具備近距離格鬥必需的機動能力。

戰機1　洛克希德·馬丁 F-22A「猛禽」

研製與試飛

洛克希德·馬丁公司研製的F-22A「猛禽」是有史以來最昂貴的戰鬥機，也是有史以來最優秀的戰鬥機。該型戰鬥機在軍事和工業領域都具有重要意義，沒有它，美國就無法成為新一代「超級戰鬥機」無可爭議的領跑者。也許廣告的成分很大，但F-15和F-16等老一代作戰平台確實已很難匹敵「陣風」、「鷹獅」和「颱風」了，即便F-15和F-16可以通過安裝新設備進行大幅度的升級。此外，F-15和F-16仍然要受到米格-29、蘇-27和「幻影」2000升級版的糾纏。而F-22A則不然，它的性能超過了現有的和研發中的飛機，唯一的問題是——購買足夠的數量需要足夠的資金。儘管性能和重要性無與倫比，F-22A的未來也未必稱得上高枕無憂。

「猛禽」現在被稱作空優戰鬥機（ADF），而它的最初稱號是先進戰術戰鬥機（ATF）——這個簡稱始於1971年，當時的戰術空軍司令部開始制定A-10和F-16的作戰預案，當時A-10和F-16正在大量裝備。米格-29「支點」和蘇-27「側衛」的出現動搖了美國長期依靠F-15和F-16奪取制空權的信心，專職的空對地思路讓位於雙軌制。80年代初，ATF的研究工作展開了，旨在探討在一個平台上滿足空對空和空對地作戰需要的可行性；還要確認當兩種任務都不能很好地完成時，哪種任務的優先級更高。由於經費緊張，研究工作轉交給了飛機製造商，要求他們給出建議。意見無非兩種，要麼是研製一種通用型平台並以此為基礎研製不同改型，要麼是進行完全獨立的設計。仙童公司和沃特公司選擇了不回應美國空軍的咨詢，而波音、通用動力、格魯曼、洛克希德、麥克唐納·道格拉斯、諾斯羅普和羅克韋爾公司作出了回應，但是意見並不一致。諾斯羅普提出了輕型機概念，而洛克希德則建議提出了一種重120000磅、巡航速度2.8馬赫的設計。

1982年，美國空軍的興趣轉移至空對空任務。此時，似乎沒有必要安排F-111退役，另外，極為機密的F-117A也即將服役。

此外，F-15和F-16的改進型也能夠填補攻擊機的空白。這使得美國空軍傾向於研製F-15A/C的代替機型，可以飛到任何發現目標的地方痛擊敵人。這也使得ATF的性能要求、尺寸、重量和航程初具端倪。後來，又採用了超高速集成電路（VHSIC）、曲面機翼、不易燃的高壓液壓系統、探測器共形天線和集成式飛行控制/推進控制系統。美國空軍最初提出的某些系統的語音控制和短距起降（STOL）能力，後來則被放棄。

上圖和下圖：1990年9月29日，第一架原型機（PAV1）進行了首次試飛，一個月前它剛剛離開洛克希德·馬丁公司在加利福尼亞州帕姆代爾的工廠。這架飛機安裝的是通用電氣公司的YF120發動機（下圖），而第二架YF-22安裝的是競爭對手普拉特·惠特尼公司的YF119，而後者最終贏得了發動機合同。1991年洛克希德·馬丁宣佈贏得戰鬥機選型後，第一架原型機就完成了飛行使命。

波音、通用動力、格魯曼、洛克希德、麥克唐納·道格拉斯、諾斯羅普和羅克韋爾公司再一次對完善後的特性作出回應，並且都獲得了概念定義合同。在驗證/定型階段匯總所有的建議，並最終在兩種原型機的競爭中選出獲勝者。同時，通用電氣公司和普拉特·惠特尼公司被要求提出「聯合先進戰鬥機發動機」的研製建議，這直接促成了YF120和YF119原型發動機的誕生。

1986年，ATF的重要性增強，當時美國海軍宣佈將購買中標的ATF方案的海軍型（NATF）來代替美國海軍的格魯曼F-14「雄貓」。這意味著飛機產量將會超過1000架，美國空軍購買750架ATF，

上圖：洛克希德・馬丁公司為原型機安裝了很大的垂尾，因為設計師不希望遭遇像F-117A那樣因垂尾過小而經歷的各種難題。但諾大面積的垂尾並不必要，因此生產型將垂尾減少了20%～30%。

美國海軍購買546架NATF。因此，從商業角度來看，贏得合同的利潤是很高的，一部分競標者開始組隊。無論隊伍中的哪家公司的方案被選中，大家都要共同分享，獲勝者只作為主要承包商。洛克希德、波音和通用動力公司組成一隊，而麥克唐納・道格拉斯則參加了諾斯羅普公司組織的另一隊。洛克希德排在第一位，諾斯羅普第二，接下來依次是通用動力、波音、麥克唐納・道格拉斯、格魯曼和羅克韋爾。

1986年10月31日，洛克希德和諾斯羅普兩隊分別獲得了研製兩架原型機的合同。兩架原型機中，一架安裝YF119發動機，另一架安裝YF120發動機，配套的航空設備也一併生產。洛克希德小組中的三家公司進行了分工，洛克希德公司負責機頭、機身前部、座艙、核心電子系統和雷達隱身性能；通用動力負責機身中部、紅外隱身性能、後勤和飛控系統；波音公司負責機身後部、機翼和飛行試驗室。1988年5月設計工作結束。

儘管原型機沒有安裝作戰設備，但是在主要性能方面它們必須達到生產型的預期水平。此外，為了進行耐力測試，雷達吸波材料沒有完全應用。相反，還需要打幾個補丁。諾斯羅普/麥克唐納・道格拉斯的第一架YF-23（安裝YF119發動機）於1990年8月27日首飛，第一架YF-22（安裝YF120發動機）於同年9月29日首飛。第二架YF-22（安裝YF119發動機）10月30日昇空，第二架YF-23則在此前4天升空。YF-23的非正式名稱是「黑寡婦」，沿襲自諾斯羅普最著名的戰鬥機；YF-22的非官方名稱則是「閃電II」，對應的是二戰時洛克希德的P-38。

1990年12月28日，YF-22完成飛行試驗，共計飛行74次，累計飛行91.6小時。在此期間，YF-22飛行速度超過了兩馬赫，在不開加力的情況下，速度可以

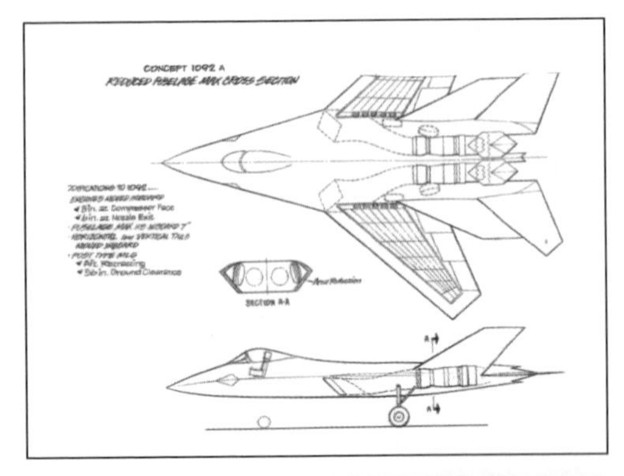

上圖：線圖描繪的是為ATF改進而進行的090P設計方案所提出的一種結構概念。中間的圖片顯示YF-22樣機已經成形。YF-22和F-22A（下圖）的設計差異顯而易見。生產型飛機的座艙位置較為靠前，進氣道的位置則較為靠後，這是為了改善飛行員的視野。機翼的翼展增加、後掠角減小，連外形也有變化，最明顯的是垂尾面積減小，而水平尾翼經過重新設計，面積也增加了。

維持在1.58馬赫。在試驗期間，YF-22完成了內置彈艙安裝的AIM-9和AIM-120導彈的發射，攻角（AoA）可達60°，不過這些並不在試驗要求的範圍內。YF-23累計飛行65小時，但是沒有進行過武器發射或大角度AoA試驗。不過，YF-23卻展示了極強的「超音速巡航」能力，速度可能超過1.6馬赫（真實的速度仍然保密）。因此該型機的速度將超過YF-22，而雷達截面（RCS）卻比YF-22要小。風洞試驗則表明，YF-23沒有攻角限制，機動性極佳。在概念上，諾斯羅普的設計注重隱形和高速性能，試圖在敵方飛機進入目視距離前將其擊落。洛克希德則採取了妥協方式，把機動性也考慮在內。

1991年4月，洛克希德ATM小組勝出，部分原因在於他們獲得了NATF設計——該設計將在YF-22的機身上加裝雙座座艙和可變後掠翼。諷刺的是，ATF的抉擇剛作出幾個月，NATF計劃便取消了。此外，生產型F-22A採用了普拉特・惠特尼公司的更為保守的YF119發動機，而放棄了採用變循環技術的YF120。這是因為普拉特・惠特尼公司在噴氣推進技術上經驗豐富，而發動機的複雜性和風險也要低。

洛克希德・馬丁的生產型F-22A在YF-22原型機的基礎上做了幾處改動。鑒於洛克希德在F-117A上遇到的難題——主要是垂尾面積不足，洛克希德在YF-22上力求穩妥。最終，承包商將生產型

F-22A的垂尾面積減少了20%～30%。機翼前緣的後掠角減小了6°，而且由於機翼後緣和水平尾翼進行過重新設計，隱身性能也得到了提高。最後，座艙位置也稍微前移，以改善前方視野，而發動機進氣道則後移，為飛行員提供較好的兩側下視視野。安裝YF-120發動機的YF-22最終作為工程樣機退役，而第二架YF-22飛機在接下來的試驗中飛行39次，累計飛行61.6小時。但是這架飛機在1992年4月25日發生了一起嚴重的著陸事故——遭遇了嚴重的飛行員誘導震盪（PIO）。此後，在安裝了生產型F-22A的機翼和尾翼後，它被用於天線試驗，再也沒有飛行。

工程和製造發展（EMD）合同的初步需要是，7架單座型F-22A和兩架F-22B，以及兩架不進行飛行的靜態試驗機。根據這一合同，預計1996年期間該批飛機將進行首次飛行，1999年第一架完全生產型F-22A首飛，2003年成立第一支作戰中隊。但是由於資金有限，這些預定日期都延遲了。1997年4月9日，第一架F-22A（「美國精神」）下線，在規格很高的慶典儀式上被正式命名為「猛禽」。同年9月7日，它在喬治亞州瑪麗埃塔的多賓斯空軍基地進行了首飛。但是同時，官方於7月10日宣佈推遲雙座型F-22B的生產。1998年6月29日，第二架F-22A加入飛行試驗計劃，此外還有幾架試驗平台機加入這些EMD合同下的F-22A行列。飛行控制軟件的研發測試是在F-16D VISTA變穩機上進行的，而整個座艙和航電系統則在一架改造過的波音757飛行試驗平台（FTB）上進行測試。

1997年8月，F-22A前段機身/雷達罩的模型安裝上波音757；1998年12月，模擬機翼以及保形天線也搬上了飛行平台。機上還有25名技術人員和擴展試驗設備，改造過的班機能夠實時使用F-22A的航電設備對付模擬目標。這一點特別有價值，因為前3架EMD合同下的F-22A缺乏全任務航電設備。在得克薩斯州沃斯堡的一處高塔頂部安裝有全尺寸的通信、導航和識別（CNI）模塊，包括F-22A前段機身的全尺寸模型和安裝了保形天線的部分機翼。

洛克希德公司完成了初步飛行試驗後，將F-22A一架接一架地交給了加利福

下圖：洛克希德·馬丁F-22A「猛禽」（編號91-4001，生產序號No.4001）。1998年5月18日，「猛禽」01進入愛德華空軍基地的試驗項目，主要用於飛行包線擴展試驗。

尼亞州愛德華空軍基地的聯合試驗部隊（CTF）。試驗項目的參與者包括美國空軍試飛中心（AFFTC）、空軍作戰測試評估中心（AFOTEC）、空軍作戰司令部（ACC）、普拉特·惠特尼公司、F-22系統計劃辦公室（F-22 SPO）和洛克希德·馬丁公司戰術飛機系統部。1998年2月5日，第一架飛機由一架C-5B「銀河」空運；同年8月26日，第二架飛機自行飛到了愛德華空軍基地。2000年3月6日，第三架F-22A（也是第一架安裝全套內部設備的F-22A）進行了首飛，並於3月15日到達愛德華空軍基地。

飛機交付緩慢，顯然也延誤了整個計劃。在所有9架EMD飛機中，只有4002號機按時完成首飛，其他幾架要比預期晚1年以上。政治因素也干擾了計劃的實施，1999年7月，美國眾議院投票削減2000財年（FY）的F-22A生產資金——數額達18億美元，這使五角大樓和承包商大吃一驚。這將給整個計劃帶來極大的危害，在小批量試生產（LRIP）開始前資金就已受限。此外，前期任務還包括Block 3.0軟件的交付、AIM-9「響尾蛇」和AIM-120先進中距空對空導彈（AMRAAM）投擲測試，以及AMRAAM發射、RCS和雷達性能測試。由於過去兩年的測試效果令人滿意，因此LRIP得以繼續，美國空軍也延長了測試時間表。根據新方案，專用初始作戰試驗和評價（DIOT&E）將於2003年4月開始，即便那時EMD合同尚未完成。儘管垂尾的缺陷早就察覺，但是已來不及更改4002號機的結構。因此，只有4003號機才是完全結構的試驗機。

2000年底，第一架EMD飛機——4001號機結束了飛行使命，被送至俄亥俄州賴特—帕特森空軍基地，用於實彈試驗。4002號機最初被指定用於結構試驗，後來卻被用於武器投擲試驗。它還安裝了反尾旋傘。4003號機也是用於上述任務，4004號機經過改裝用於氣候試驗，4005、4006和4007號機則用於測試航電系統。資料顯示，F-22A的全部性能都很優異，具備「超音速巡航」能力，F-119發動機的性能也超出期望。

上圖：由於愛德華空軍基地的EMD試驗用機大多延期交付，這使得這一階段嚴重滯後。為了彌補失去的時間，美國空軍決定於2003年4月開始專用初始作戰試驗和評價（DIOT&E），即便那時EMD合同尚未完成。圖中，「猛禽」01正由愛德華空軍基地412試飛聯隊的一架飛機伴飛。

航電設備

在專用初始作戰試驗和評價階段，攜帶航電設備和軟件的F-22A要達到具有初始作戰能力（IOC）的標準。硬件和軟件首先要在西雅圖附近的波音工廠航電綜合實驗室（AIL）進行綜合測試，之後它們將被裝上波音757 FTB。儘管FTB不具備F-22A的機動性，但是雷達和電子戰系統在FTB上的使用經驗同樣適用於F-22A。做中等程度的機動時，設備並無問題。3.1版本的軟件已經投入使用，另外兩個版本預計將在DIOT&E階段開始前完成。2002年夏天，3.1.1版將會在評價階段用於訓練飛行員，而3.1.2將是DIOT&E和初始作戰部隊使用的標準版本，包括主雷達、電子戰、通信、導航和識別（CNI）功能。

下圖：儘管「猛禽」航電和電子戰系統的性能和水平已遠遠超過現役戰鬥機，但是美國人仍在努力提高飛行員態勢感知能力。主要是通過探測器的融合，來實現清晰的戰術圖景和降低工作負擔。

在光滑的表面之下，F-22A其實是一架極為精密的飛機，擁有高度集成的航電系統。該系統圍繞一對通用集成處理器（CIP），這是飛機的「大腦」。與傳統的通信和導航設備相比，如全球定位系統（GPS）、儀表著陸系統（ILS），CIP的相應內置模塊便已經可以媲美CNI系統。每一個CIP都是由66個獨立模塊組成，能夠自動完成程序重調，在一個CIP出現故障或失效時，另一個能夠及時填補。武器系統的核心是諾斯羅普・格魯曼/雷神公司生產的AN/APG-77雷達，這種有源電子掃瞄陣列（AESA）是目前最先進的雷達。它首飛於1997年11月21日。CIP還是雷達和電子戰系統的處理器。

AESA的一大優勢是可以減少無線電頻率（RF）的丟失。與傳統雷達相比，它的敏感度要高出幾倍，部分原因在於每個模塊內接收器和放大器幾乎耦合在

一起。因此，在信號放大前幾乎不會有干擾或雜音，因而傳輸給處理器的信號也就很乾淨。但也有一點不足之處，與傳統的固定陣列機頭雷達相比，這種雷達的視野要狹窄。它的探測範圍被限定在視軸兩側60°內。F-22A曾在機身前部安裝了側面雷達陣列，但是在演示驗證（DemVal）階段取消，後來也沒有重新採用。

APG-77的參數仍然保密，不過為「超級大黃蜂」研製的小一號的雷神APG-79雷達，就已能夠探測185千米以外的目標——差不多是大多數現役雷達探測距離的兩倍。APG-77功率更為強大，傳輸/接收（T/R）模塊的數量也更多——差不多是小一號的APG-79雷達的1.5倍。AESA的效率也很高，它不會重複掃瞄已經確認沒有目標的空域而造成能量的浪費，而能夠集中能量跟蹤此前探測到的目標。它還具有全新的小型目標探測能力，如探測前跟蹤能力，探測閾可以降到很低的水平，從而區分假警報和真目標。當雷達接收到可疑回波時，波束會停留在目標上以確認目標的真實性。如果回波超過閾值時仍不能確認目標，幾次掃瞄的回波可以進行對比；如果目標得以確認，雷達就獲得了跟蹤數據。

上圖和下圖：F-22的進氣道很大，它的另一個顯著特徵是呈拱形的曲面機翼，從這個角度可以看得很清楚。「猛禽」精密的航電系統擁有30多個探測器——全部安裝於機身內部，以保證隱身性能。

為了降低RCS，AESA對飛機隱身性能也有非常重要的影響。機械式天線的形狀極為複雜，難以隱蔽，因此現有的隱形飛機還沒有安裝或者考慮過安裝機械掃瞄雷達的。APG-77的陣列略微向上傾斜，可以使正面主瓣反射向上偏轉，使其不被對方雷達的接收器接收。此外，雷達陣列邊緣產生的反向散射也被陣列周圍的雷達吸波材料屏蔽了。

如果說AESA技術給隱形飛機帶來了「殺手鐧」，那就一定要數低攔截概率（LPI）了。AESA極大地豐富了LPI技術，使隱形平台在發射雷達波時不會暴露位置或被發現。雷達具有很強的靈活性，可以適時降低峰值功率，當目標接近時，雷達功率可以迅速降低，避免被對方攔截接收器探測到。AESA雷達可以同時使用多個波束進行搜索，因為當每個波束只搜索一個很小的扇面時，它在一個指定地點的停留時間就可以延長。因此，當探測效果相當時，它所耗費的能量要少。AESA技術的另一個優點是可以干擾攔截系統。它幾乎可以改變每一個信號的特徵，包括到達角度和每一次的脈衝積累。它可以改變脈衝寬度、波束寬度、掃瞄頻率和脈衝重複頻率（PRF）等攔截系統藉以識別目標的特徵。

另外一項重要的LPI技術是關閉雷達。幫助完成這一操作的系統是BAE系統公司的ALR-94，它可能是「猛禽」安裝的技術最精密的系統了。ALR-94是一種被動接收器系統，其功能比大多數戰鬥機安裝的簡單的雷達告警接收器（RWR）強大得多。它的多單元天線覆蓋多個波段，既能探測主瓣也能探測旁瓣，可以準確地定位和跟蹤發出無線電的目標。它極有可能將AESA雷達用做敏感而精準的輔助接收器。ALR-94和其他不發射無線電信號的設備，如飛機的數據鏈，會自動向雷達發出指示信號，關閉雷達以降低電子信號。ALR-94可以實時跟蹤優先級最高的發射源，例如距離很近的戰鬥機，在這種模式下（被稱作「窄波束交錯搜索與跟蹤」，簡稱NBILST），雷達僅用於提供準確的距離和速度數據，以引導導彈攻擊。實際上，敵機的雷達可能已經向ALR-94提供了AIM-120 AMRAAM空對空導彈發射和制導所需的全部信息。這使得AMRAAM更像是半主動制導的空對空導彈。

F-22A的航電設備的另外一個重要方面是能夠在超視距（BVR）交戰中識別目標。視距內（WVR）交戰會增加危險，暴露在目視距離內會使F-22A喪失大多數空對空優勢。由於很多戰鬥機安裝了大離軸導彈和頭盔顯示器（HMD），當F-22A接近時它們將極具威力，所以避免此類交戰是非常關鍵的。所以在BVR交戰中擊落敵機，特別是在最大射程上，才是「猛禽」的優勢所在。交戰規則（ROE）是把條件設定為可以對肉眼看不到的敵人發起攻擊，而且要隨機應變，因此要通過多種獨立渠道弄清目標的身份。F-22A至少有4個渠道——CNI集成的敵我識別系統（IFF）、數據鏈提供的外接識別、ALR-94和雷達。

如果目標在使用雷達，ALR-94就會迅速識別出目標，而APG-77雷達通過發射狹窄而集中的波束，進入多種非合作目標識別（NCTR）模式。其中一種是噴氣發動機調製，主要依靠探測壓縮機葉片旋轉產生的雷達脈衝模式特徵。F-15和F/A-18在80年代就已經採用這種技術，更為先進的NCRT主要基於高分辨率（HRR）。雷達沿著目標整個長度測量分辨信號，並將這些信號與模板進行比較。目標有效識別距離尚未解密，不過通常來說，在更遠的距離進行識別就需要更多的能量。

數據鏈的使用，可能是戰鬥機攻擊戰術最大的變革。F-22A的機間數據鏈（IFDL）將幾架F-22A的探測器連接起來，這種像鉛筆一樣窄的波束可以避免被攔截。通過數據鏈連接的飛機在飛行中不必保持目視接觸，可以散佈在幾英里範圍內的空中。數據鏈的另一用途是「靜默攻擊」。敵人可能知道自己被導彈射程範圍以外的戰鬥機雷達跟蹤了，但是不知道附近有一架戰鬥機在不打開自身雷達的情況下正在接收跟蹤數據，並準備發射導彈。F-22A使用數據鏈的方式仍然保密，不過瑞典的JAS-39「鷹獅」作為現役數據鏈使用最為廣泛的戰鬥機，已經顯示出了相互聯接的雷達的潛在用途。例如，如果兩架戰鬥機的雷達或電子支援設備（ESM）探測到同一個目標，就可以通過三角測量法迅速定位。數據鏈可以使主動雷達使用更少的信號完成跟蹤。通常來說，在邊掃瞄邊跟蹤時，需要3個標定點或回波才能完成對目標的跟蹤。數據鏈可以使雷達共享標定點，而不只是跟蹤。即便編隊內的飛機沒有一架獲得跟蹤目標所需的標定點，但是通過信息的集合也許就能夠實現跟蹤。不過每一個雷達標定點都是多普勒速度，只為單架飛機提供接近率，這種數據並不是目標的真實速度。通過數據鏈，兩架戰鬥機獲取同步的接近率讀數，可以迅速完成對目標的跟蹤，免去了雷達傳輸的必要。

為了更大程度地提高戰鬥力，F-22已經具備了使用精確制導武器攻擊多種地面目標的能力。不過說來好笑，第一次進行設計更改竟是為了解決部分零件停產的問題。80年代末，即YF-22和YF-23原型機剛剛試飛時，美國空軍發起了研製384kB記憶芯片的高科技計劃——當時還認為未來的機載數據存儲系統容量是用MB衡量的。但是當計劃開始時，技術已經發展到商業版英特爾I-960芯片即可當CIP使用的地步了。現在這些處理器已經停產了，8MB只適合用於100美元的掌上電腦，而不適合1億美元的戰鬥機。此外，半導體行業已經不再對生產質量要求相對較高的軍用芯片感興趣了。實際上，商源短缺（DMS）已經影響了大多數軍用電子系統計劃。

解決DMS難題的一個方法是採用商務現貨供應（COTS）零件。兼容COTS模塊或芯片的第一個問題是，如何解決戰鬥機內的震動、溫度、電磁脈衝（EMP）等極端環境。第二個問題是，如何讓不斷更新的COTS芯片適應戰鬥機航電系統「固定的核心」，避免給供電、冷卻和數據功能帶來困難。因此，沒有兩架F-22A的結構是完全相同的，不過這些細小的差別並不會引起飛行員和地勤人員的注意。第一批小批量生產型F-22A擁有全新的CIP，模塊更少，能夠更好地適應現代化處理器的供電和冷卻需要。

上兩圖：為了支持YF-22演示驗證（DemVal）階段，波音公司專門將一架波音757-200改造成飛行試驗室。經過1998年的大規模改造後，這架飛機成為F-22飛行測試平台，主要用於執行F-22的EMD階段航電設備測試。這架波音757安裝了模擬的「猛禽」前段機身，上方安裝了特殊的「機翼」，駕駛艙安裝了電子戰和CNI天線，機頭安裝了APG-77雷達，並為軟件工程師準備了單間。這個飛行平台為驗證F-22航電軟件包的主要性能上發揮了重要作用，儘管最初的EMD樣品（01、02和03號機）並沒有完整地安裝或集成這套航電系統。

2005—2006年的第一批大批量生產型F-22A採用全新的雷達，採用的技術類似於F-35 JSF或F-16 Block 60的APG-80。T/R模塊所使用的砷化鎵單片微波集成電路（MMIC）現在已經大量應用於商業通信設備，從衛星到電腦無線寬帶調製解調器。目前F-22A使用的是專門研發的處理器，而APG-80使用的是水星電腦系統公司的RACE系統，該系統基於多個商業版處理器。與現有系統相比，F-22A的新雷達工作效率更高、耗能更低，並且有助於擴展F-22A的任務範圍。

本頁圖：3.0版軟件的完成是F-22A計劃重要的里程碑。這套軟件將飛機與武器、導航、電子對抗和通信系統集成起來，1999年美國國會就通過了3.0版軟件的授權，甚至要早於生產新飛機的許可。2002年4月25日，3.1版（DIOT&E標準）在「猛禽」06號機上進行了首飛。

在座艙中，「猛禽」的主顯示器是BAE系統公司的廣角抬頭顯示器（HUD），與歐洲戰鬥機所使用的幾乎一模一樣。視野範圍為橫向30°，縱向25°。顯示板主要由6個彩色液晶多功能顯示器（MFD）構成，綜合核心處理器（ICP）就位於遮光板下方。飛行員需要手工輸入自動駕駛、通信和導航數據，而F-22A在研製初期就放棄了觸摸屏。「猛禽」安裝了手控節流閥控制系統（HOTAS），這是BAE風格的側桿，按鈕沿著操縱桿順勢設計。

儘管歐洲戰鬥機等先進戰機採用了直接音頻輸入（DVI）技術，但美國空軍決定不在機載控制系統中加入聲音識別系統。不過，美國空軍卻決定為JSF計劃研發此項技術。DVI在編隊作戰分配任務時特別有效，例如確認或更改武器系統計算機的優先處理等級。當編隊開始加速爬升以佔據最佳武器發射點時，DVI可以在導彈發射前的幾秒鐘內避免編隊內的兩架飛機同時對一個目標發起進攻，保證每一架敵機都被瞄準。此外，DVI還可極大地減輕座艙內飛行員的工作負擔，從而提高態勢感知能力。

兩個76毫米×102毫米前上方顯示器（UFD）位於ICP顯示器左右兩側，用於綜合提示/注意/告警（ICAW) 信息，以及作為備用飛行儀表組（SFIG）和油量指示器（FQI）。儘管顯示在液晶顯示器上，SFIG仍然能夠為飛行員提供駕駛飛機所需的足夠信息，就像航空地平儀。它與飛機的基本電子系統相連，與歐洲戰鬥機所採用的小型傳統儀表（如「帶你回家」備用系統）不同。儀表盤中央的203毫米×203毫米液晶顯示器是「猛禽」的主多功能顯示器（PMFD）。它用於顯示導航信息和態勢感知數據，而3個159毫米×159毫米輔助多功能顯示器（SMFD）提供攻擊與防禦戰術信息，以及非戰術信息，如檢查表、發動機推力輸出、子系統狀態和彈藥儲備。其中兩個SMFD位於PMFD兩側，第三個位於飛行員兩膝之間。

美國空軍決定不在F-22A上安裝無排放的遠程目標探測、捕獲和跟蹤系統，因為美國空軍覺得這種系統的探測性能有限，儘管最新的俄羅斯和歐洲戰鬥機已經安裝了紅外搜索與跟蹤系統（IRSTS）。由於缺乏IRSTS，「猛禽」就只能依賴上面所提到的探測手段了。但是這些會排放出信號的系統存在著暴露飛機位置的風險，會使敵機產生警覺。如果機載預警和控制系統（AWACS）無法支援作戰，沒有IRSTS的缺點就更為明顯了。

洛克希德·馬丁公司對「猛禽」高度集成的顯示器和探測器極為自豪。為顯示器提供信息的電腦從雷達和探測器接收跟蹤信息，並將其進行對比和匹配。之後電腦對這些信息進行優先級排序並顯示出來，並將不同探測器的輸入信息加以混合，描繪出最精確的圖像。例如，ESM可能給出目標最好的角度數據，而AWACS則可能為戰鬥機提供目標最好的距離和速度數據。對跟蹤數據加以收集和顯示，而不需顯示數據來源（雷達、AWACS、ESM等），因此顯示器上仍非常簡練直觀、便於理解。當然，由於沒有顯示目標指示數據從何而來，也就導致很難判斷顯示的是真實數據還是敵方的干擾。

據報道，美國空軍已經制訂出針對F-22A的3個未來優先升級計劃。第一個是合成孔徑雷達（SAR），將換裝新式雷達；第二個是聯合戰術信息分佈系統（JTIDS）數據鏈；第三個是根據上述兩項改進帶來的變化而採用新的武器。

洛克希德·馬丁F-22「猛禽」

1. 雷達複合材料天線罩
2. 諾斯羅普·格魯曼/德州儀器AN/APG-77多模式主動電子掃瞄（E-Scan）雷達天線
3. 傾斜式雷達安裝隔板
4. 空速管探頭
5. 大氣數據傳感器系統接收器（4個方位）
6. 雷達設備艙
7. 導彈發射探測窗口
8. 座艙前氣密隔板
9. 座艙側壁板
10. 座艙底板下方的航電設備艙
11. 航電設備模塊（鉸接式艙蓋，向下方開啟）
12. 冷光源編隊條形燈
13. 複合材料前機身側蒙皮
14. 方向舵腳蹬
15. 儀表控制板（6個多功能全彩液晶顯示器）
16. GEC-馬可尼航電設備公司的抬頭顯示器
17. 上開式座艙蓋
18. 麥克唐納·道格拉斯公司的ACES II（改進型）彈射座椅
19. 安裝有駕駛桿的右側控制板（用於數字線傳飛控系統）
20. 安裝有油門桿的左側控制板
21. 登機梯裝載室
22. 座艙後氣密隔板
23. 電源設備艙
24. 電池艙
25. 鼻輪門
26. 著陸/滑行燈
27. 向前收起式鼻輪
28. 扭力臂
29. 左側進氣道
30. 鈦合金進氣道框架
31. 進氣道溢出氣流排氣口
32. 進氣道流量控制板
33. 流量控制板液壓動作筒
34. 進氣道下方的數據鏈天線和微波著陸系統天線
35. 風冷式飛行關鍵設備（ACFC）的冷卻空氣進氣道，利用的是附面層吸除導氣管和地面操作的吹風機
43. 右側航電設備艙
44. 導彈發射探測窗口
45. 數據鏈天線
46. ACFC冷卻空氣排氣口

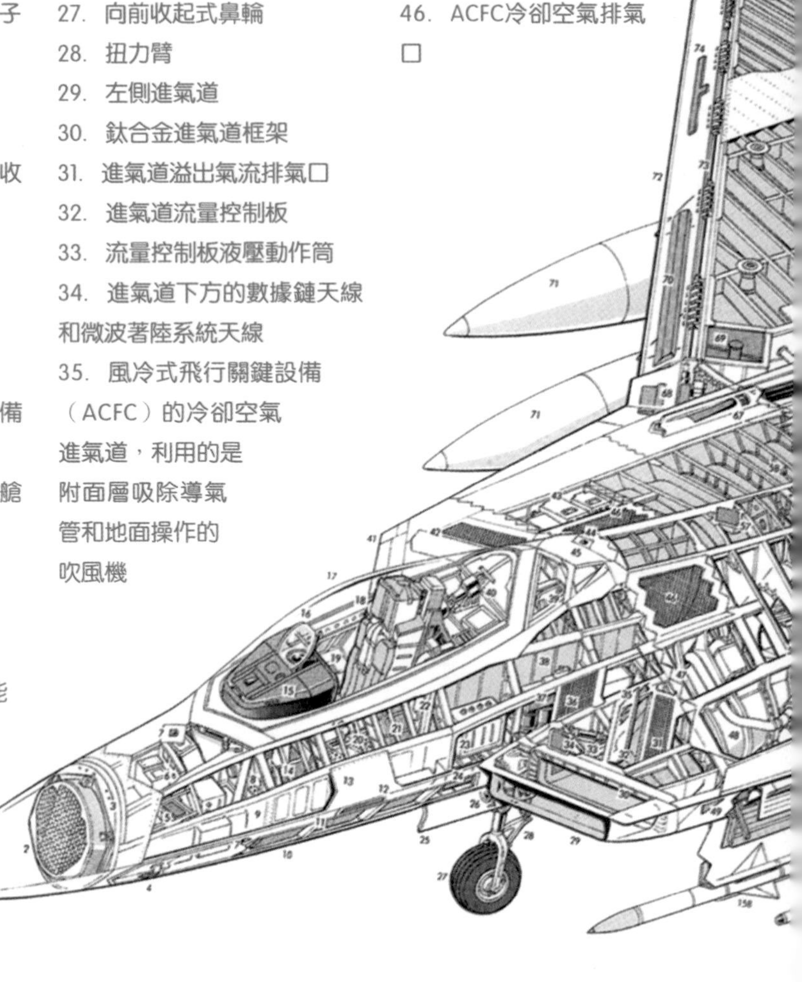

36. 附面層吸除排氣口
37. 機載制氧系統（OBOGS）
38. 1號機身油箱
39. 座艙蓋鉸接點
40. 座艙蓋電動制動器
41. 右側進氣道
42. 進氣道溢出氣流和附面層吸除排氣口
47. 前段機身連接處
48. 複合進氣道
49. 座艙蓋緊急拋棄控制器
50. 側導彈艙門
51. 導彈發射導軌
52. 發射導軌懸臂
53. 導軌液壓動作筒
54. 空調系統設備艙

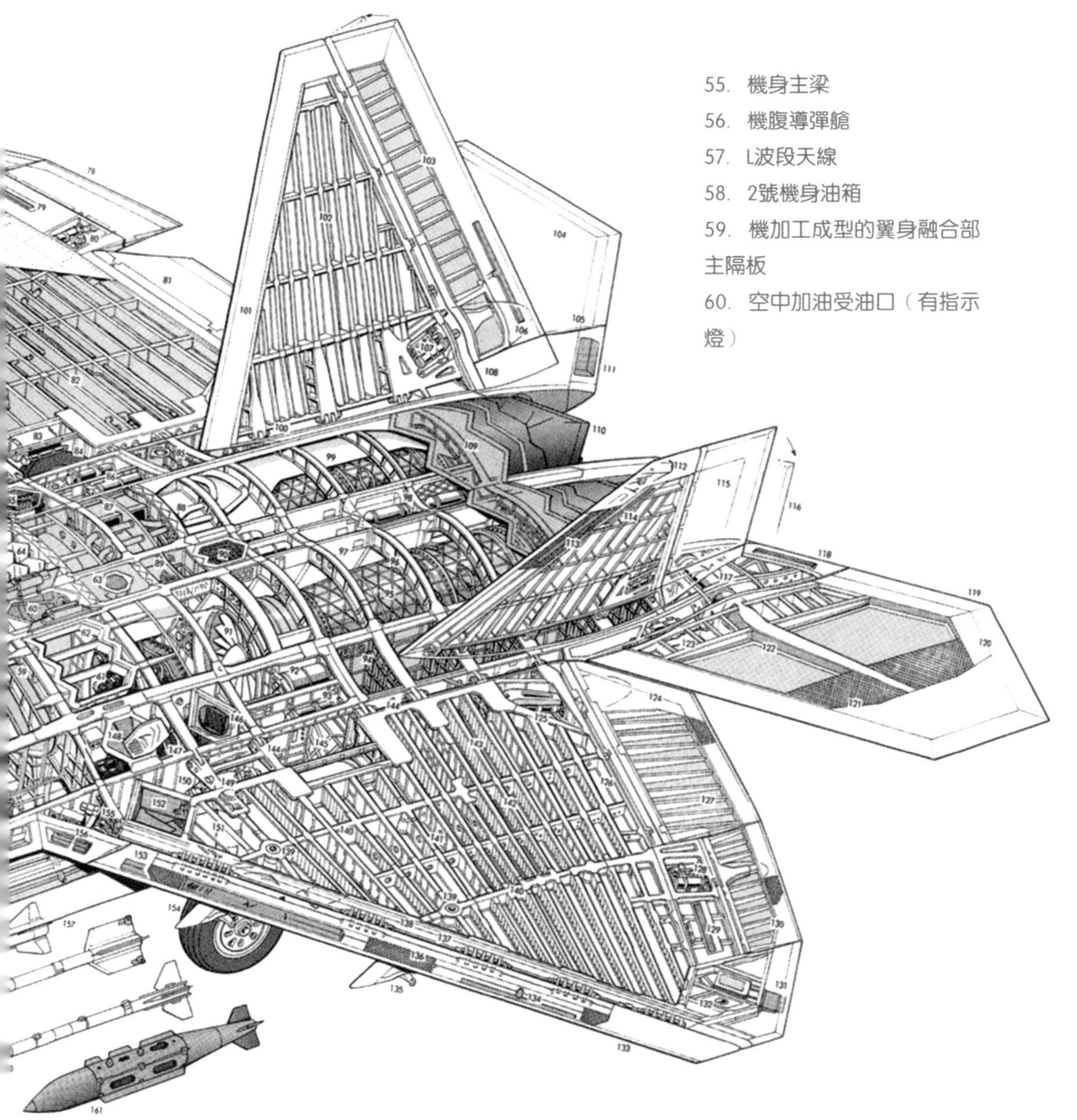

55. 機身主梁

56. 機腹導彈艙

57. L波段天線

58. 2號機身油箱

59. 機加工成型的翼身融合部主隔板

60. 空中加油受油口（有指示燈）

61. 安裝於機身的發動機附件機匣

62. 進氣道超壓溢出門

63. 全球定位系統（GPS）天線

64. 彈藥供給槽，機身腹部的480發橫向彈夾

65. M61A2六管輕型轉管機炮

66. 炮管

67. 可上翻的炮口艙門

68. 翼根電子戰（EW）天線

69. 通信/導航/識別（CNI）UHF天線

70. CNI Bond 2天線

71. 2271升副油箱

72. 右側前緣襟翼（放下位置）

73. 襟翼驅動軸和轉動裝置

74. ILS定位天線

75. 碳纖維複合機翼蒙皮

76. 右側航行燈（上下都有）

77. 翼尖EW天線

78. 右側副翼

79. 編隊條形燈

80. 副翼液壓制動器

81. 右側襟副翼（放下位置）
82. 右側機翼內油箱
83. 電源系統整流器（左右兩側）
84. 右側主機輪（收起狀態）
85. 機身側面整體油箱
86. 液壓設備艙
87. 燃油/空氣和燃油/潤滑油熱交換器
88. 燃油管路
89. 3號機身整體油箱和機載惰性氣體生成系統（OBIGS）
90. 發動機主熱交換器
91. 發動機壓氣機前方的進氣道
92. 左側液壓油箱
93. 液壓蓄壓器
94. 左側側面整體油箱
95. 普拉特&惠特尼公司的F119-PW-100加力式渦扇發動機
96. 機加工成型的發動機艙
97. 中線防火龍骨
98. 儲能系統（SES）油箱，用於發動機重新點火
99. 發動機艙的內部隔熱板
100. 垂尾根部連接點
101. 複合材料垂尾前緣和蒙皮
102. 多梁全複合材料垂尾結構
103. 右側複合材料方向舵
104. 右側平尾
105. 「貓眼」全向控制面
106. CNI VHF 天線
107. 方向舵液壓動作筒
108. 方向舵下方整流裝置
109. 發動機尾噴管密封板
110. 二元推力矢量噴管
111. CNI Band 2天線
112. 緊急著陸鉤整流罩
113. 垂尾前緣CNI VHF天線
114. 編隊條形燈
115. 左側方向舵
116. 減速板，通過方向舵差動偏向減速
117. 平尾樞軸安裝點
118. 左側尾部CNI Band 2天線
119. 左側全動平尾
120. 全複合材料平尾結構
121. 碳纖維蒙皮及內部蜂窩結構
122. 複合材料平尾翼梁
123. 平尾液壓動作筒
124. 左側襟副翼
125. 襟副翼液壓動作筒
126. 機翼尾梁（鈦合金）
127. 全複合材料襟副翼結構
128. 副翼動作筒
129. 編隊條形燈
130. 左側全複合材料副翼結構
131. Band 3 EW天線
132. 左側航行燈（上方和下方都有）
133. 左側前緣襟翼
134. 左側ILS定位天線
135. 在運輸配置狀態下，機翼外掛架可以攜帶副油箱和AIM-120導彈，或者用專門的發射器攜帶兩枚AIM-120導彈
136. 複合材料前緣機翼結構
137. 前緣襟翼驅動軸和轉動裝置
138. 鈦合金前梁
139. 外掛架安裝點
140. 外掛架鈦合金安裝肋
141. 左側機翼整體油箱
142. 多梁機翼結構
143. 碳纖維複合材料「正弦波」翼梁
144. 翼根連接接頭
145. 左側主輪艙
146. 輔助動力裝置（APU）排氣口
147. 聯合信號公司的APU
148. APU進氣口
149. 主起落架支柱安裝點
150. 起落架收縮液壓千斤頂
151. 主輪支柱
152. 左側CNI UHF天線
153. 左側CNI Band 2天線
154. 左側主輪
155. 前緣襟翼驅動馬達
156. 左側Band 3和Band 4 EW天線
157. 機腹導彈艙門（開啟狀態）
158. AIM-120A AMRAAM中程空對空導彈，機腹導彈艙可攜帶4枚（或者攜帶6枚AIM-120C）
159. AIM-9M「響尾蛇」短程空對空導彈
160. AIM-9X先進「響尾蛇」
161. GBU-32 1000磅聯合直接攻擊彈藥（JDAM）

武器系統

研究表明，為了應對「側衛」的威脅，根據雷達和導彈對比，在10次一對一空戰中，F-22A可以贏得9次勝利。根據同樣的對比方式，歐洲戰鬥機可以贏得8次或9次勝利，而F-15則輸多勝少。

作為一種空優戰鬥機，F-22A的基本武器配備反映了它的任務。中線武器艙可容納4枚AIM-120A或6枚AIM-120C AMRAAM導彈，而進氣道附近的兩個小型武器艙可以容納兩枚AIM-9M或AIM-9X「響尾蛇」導彈。為了使F-22A更具價值，1994年美國空軍指示洛克希德・馬丁公司為其開發象徵性的空對面打擊能力。主武器艙經過改造之後，原先安裝4枚或6枚AIM-120的位置可以容納兩枚1000磅的GBU-32聯合直接攻擊彈藥（JDAM），此外，公司還打算在機翼下方增加外掛點，這是以犧牲隱身性能為代價，換取額外載荷。但是，「猛禽」缺乏專門的空對地武器瞄準系統，例如前視紅外系統（FLIR）、激光指示器和光斑跟蹤器，而新式合成孔徑雷達（SAR）可以使飛機實現雷達轟炸。空對地武器包括其他自動精確制導彈藥，也可能專門開發一種對地攻擊型F-22，類似於F-15E。這種改型有時被稱作FB-22，是F-117A「夜鷹」和「攻擊鷹」的潛在代替品。但是，在Block 5之前是不

下圖：AIM-120 AMRAAM第一次發射是在1990年12月20日進行的。這種中程導彈是「猛禽」的基本空戰武器，第二架原型機是這一重要里程碑的見證者。為了保證隱身性能，F-22A在機身內部安裝武器。為了保證最大的戰鬥力，F-22可以在機翼下攜帶導彈，但是要以犧牲隱身性能為代價。

上圖：F-22A可以在60000英尺的高空飛行，使其在作戰時能夠佔據更為有利的位置，現在的戰鬥機一般是在50000英尺的高度飛行。與其他戰鬥機相比，「猛禽」顯得很大——翼展超過了它所要取代的F-15「鷹」。

會擴展空對地攻擊能力的，交付時間也不會早於2006年。

武器試驗也在平穩進行。AIM-120 AMRAAM的大量測試都使用了儀器測試載具（ITV），它是一種安裝在武器艙中的非發射式導彈模擬器。某種程度上說，這種ITV所提供的數據質量要比真實的導彈發射還要好。這種載具使用的電子設備可以讀取戰鬥機傳輸給導彈的數據。2001年9月，兩枚制導的AMRAAM進行了首次發射，兩枚導彈的發射試驗都取得了成功。其中一次導彈被引導到了距離靶標極近的位置，如果導彈安裝有彈頭的話，它將擊落目標；而另一次導彈直接刺穿了BQM-74靶機，僅是直接碰撞就足以擊落目標。毋庸諱言，能夠取得如此完美的攔截效果，全賴於導彈和有源雷達。

第一次AIM-9的制導發射是在2002年進行的，儘管F-22A計劃清楚表明了AIM-120是其基本武器。此外，聯合頭盔目標提示系統（JHMCS）的整合工作延期了，因為JHMCS跟蹤器和F-22A頭盔主動降噪系統的整合出現了問題。關於JHMCS的爭議一直持續到該系統的成熟，而該系統對飛機來說也不那麼重要，因為「猛禽」的設計定位是在BVR交戰中解決問題。

在近距離格鬥的攻擊和防禦中，F-22A的超音速巡航能力和機動性非常重要。與超音速飛機不同，亞音速飛機經常受到追尾、後側象限、側面和迎頭攻擊。如一位戰鬥機飛行員所說，攻擊者從尾部接近目標時可以取得很好的「發射後不管」能力，因為導彈不需要很高的速度去追趕目標。但是如果被瞄準的飛機超過音速，它就能大大降低被追尾攻擊的概率。同樣，後側象限攻擊也受到阻礙，因為沒有足夠的能量完成改出；側面攻擊也無法完成，因為導彈引導頭為了完成攔截而旋轉，以致超過了角度上限。迎頭攻擊也受限，因為高速飛行的目標會導致瞄準線過高。而且所有的發射都要在高空、空氣稀薄的條件下完成，而F-22A在這一高度來去自如。首席試飛員保羅・梅斯指出，在超音速飛行、高度超過目標時，發射AIM-120 AMRAAM可以將射程提高50%。如果敵機向F-22A發射AMRAAM，F-22A可以進行超音速轉彎或曲線機動，使導彈面

上兩圖：「猛禽」極強的BVR性能意味著飛行員可以盡量避免近距離格鬥。但是「猛禽」仍會攜帶「響尾蛇」（基本上是AIM-9X）以備近距離防禦，而且可能的話，還要引進Block 4航電軟件和頭盔瞄準具。

臨迅速而不可預測的變化，從而降低導彈的有效射程。

駕駛新一代戰鬥機的飛行員們相信，戰術轉變的過程——從傳統上說會很慢，除非遇到了戰爭——應當通過使用全任務、多角色模擬器來加速。現在先進戰鬥機團隊中的前F-15飛行員指出，在飛行員完全掌握之前，新式戰鬥機與老式飛機沒什麼區別，美國空軍用了整整10年時間才將F-15飛成F-15，之前一直像F-4。有了模擬器，改裝工作可能僅需要4～5年。戰術的發展是開發F-22A「黑色世界」能力的關鍵，最近解密的細節顯示，F-22A及其子系統完全能夠實現這一圖景——速度、隱身性能和航電設備的結合。

在空對地性能上，美國空軍為F-22A尋覓到了一種新武器——小直徑炸彈（SDB）。SDB是20世紀90年代中期微型彈藥技術演示（MMTD）的產物，這項計劃的目標就是為了驗證小型、精確炸彈的效能可以達到大型、誤差稍大的炸彈的水平。而且，研究者的實驗表明，250磅的炸彈如果有GPS/慣性制導、現代化的彈頭和保險，再經過精確控制實現直接碰撞，完全能夠擊毀此前只能由2000磅炸彈負責的加固目標。

從一開始，MMTD就非常適合裝載在隱形飛機的內部炸彈艙。50年代研製的標準Mk80低阻通用炸彈（LDGP）是外掛的，它的橢圓形造型造成直徑過大。圓柱形更適合內置彈艙，SDB在外形和尺寸上非常類似MMTD的原型。在2001年波音公司的小型智能炸彈增程計劃（SSBREX）中，這種小型炸彈帶彈翼，明顯適合F-22A超音速投擲。波音的SSBREX樣品安裝了阿勒尼亞・馬可尼系統公司的菱形彈翼設計和俄式風格的柵欄狀尾翼面，可以折疊進彈藥艙。美國空軍的最低要求是每個掛架下可攜帶4枚SDB，不過競標商們都在盡力實現軍方提出的每個掛架下6枚的目標。這就使F-22在攜帶兩枚AMRAAM和兩枚AIM-9的同時，還可以攜帶12枚SDB。有了F-22A的超音速巡航和高度優勢，SDB的射程可以達到56英里。

2001年，波音公司和洛克希德・馬丁公司獲得了SDB設計合同，2003年在兩家公司各自研製的武器中二者擇一。2006年開始裝備F-15E，隨後裝備「猛禽」。第一個方案是採用抗干擾的全球定位系統（GPS）/慣性導航系統（INS）制導系統；第二個方案是安裝雷達或紅外制導的引導頭，可以在相當大的區域內搜索目標，預計2010年列裝。SDB將是全新的、高度集成的武器，而不是在JDAM的基礎上繼續開發。整個系統的關鍵是「智能掛架」。它可以兼容於F-22和F-35「聯合攻擊戰鬥機」，通過外掛架、非火藥式拋射器和數據鏈將SDB與飛機航電系統連接起來。

根據洛克希德・馬丁公司的模擬，F-22A通過電子戰系統和外接目標信息系統來探測和定位防空導彈陣地。合成孔徑雷達對目標區域進行掃瞄，探測出發射器、雷達和控制車。飛行員鎖定多個目標，在最大射程上投擲SDB，然後完成5g的超音速轉彎。如果F-35也安裝同樣的武器和航電系統，那麼「猛禽」還具有速度、高速機動和高度優勢。速度和高度可以增加滑翔武器的射程；速度、高度和機動性的結合，還可以降低地對空導彈的有效射程。因此，F-22A可以很容易地擺脫地對空導彈的攻擊，而亞音速、飛行高度低的F-35在地對空導彈的殺傷半徑內是很危險的，無法輕易逃離。

面對新威脅時，速度和武器射程可以使F-22A比其他飛機更有優勢。例如，空中作戰指揮員希望自己的部隊可以在接收到敵方第一個信號後不久，就鎖定敵方信號發射器。這時，「猛禽」的覆蓋範圍要超過亞音速飛機。由於JTIDS的傳播功能，F-22A可以將信息傳遞給戰場中的其他己方戰鬥機。「猛禽」可以確

本頁圖：1999年10月9日，愛德華空軍基地，編號91-4002的「猛禽」正在起飛執行試飛任務。該機由第411試飛中隊進行試飛，檢驗了大攻角性能，還進行了推進和掛載測試。它於1998年6月29日首飛。

保鎖定地對空導彈陣地上的目標，並發射武器將其摧毀。

SDB不是將F-22變成轟炸機的最後一次嘗試。2002年初，洛克希德・馬丁給美國空軍的一份簡報中提出了一種F-22基本改型——三角翼、機身加長、更大的航程和載荷。由洛克希德・馬丁公司自己掏腰包進行的所謂FB-22研製一直

上圖和下圖：1998年5月17日，編號91-4001的F-22在愛德華空軍基地進行了首次試飛。這架飛機是由C-5B「銀河」從喬治尼亞州瑪麗埃塔的洛克希德・馬丁公司的製造工廠空運至沙漠中的空軍基地。第2架參加此項測試的「猛禽」編號為91-4002，於1999年8月26日利用自己的動力系統飛了過去。2000年3月15日，編號91-4003的第3架EMD飛機與前兩架飛機在愛德華空軍基地匯合。

持續到了2002年底。這個提案無疑是轟炸機。阿富汗的作戰行動表明，接近潛在作戰區域的基地並不總會向美軍戰機開放。除了派遣F-15E進行遠程作戰外，美國空軍的戰鬥機很少出現在戰場——大部分作戰任務都交給了B-52和B-1轟炸機。但是美國空軍並沒有可替代的轟炸機，新型轟炸機恐怕要到2030年以後才能服役。當然，這在一定程度上要取決於B-52和B-1的機體壽命和作戰生涯。一些國會議員向美國空軍施壓，要求購買更多的B-2，但是美國空軍並不打算這麼做，因為轟炸機的採購和維護成本都很高。美國空軍曾經關注過FB-22，這說明他們確實認真考慮過新型轟炸機的需求，儘管他們沒有興趣購買更多的B-2。

儘管FB-22的細節仍未公開，但是可以從沃斯堡的兩項早期計劃初見端倪：F-16XL和1995年向阿拉伯聯合酋長國推銷的三角翼F-16。這些飛機以F-16為基礎，但是沒有獨立的尾翼，機翼面積增大，機身加長。結果就是飛機重量增大，內部油箱也相應增大。儘管機身改變，但是很多基本部件與原來的型號一致，如航電、座艙和系統。

據報道，FB-22的機身加長，武器艙也相應增大，可以裝載大約30枚SDB。這就是說可以裝載6～8枚JDAM，與SDB混裝，或者其他更大的武器。FB-22沒有水平尾翼，機翼後掠角增大，翼弦也增加了。但是翼展不可能增加太大，因為飛機必要時要能夠裝進48英尺寬的加固飛機掩體。翼弦增加，FB-22就能夠利用增加的連接部分來攜帶更多的燃料，延長的機身也可能設置更多的油箱。

據說新機翼的氣動佈局已經確定，採用了精密的拱形結構，具備低阻大容量的特點和良好的低速性能。另一種可能是無尾佈局的FB-22。沃斯堡對機翼內進行三軸控制的無尾設計進行過很多研究，但是FB-22能否保留F-22A基本型的超音速巡航能力還不清楚。發動機可能也要根據機翼進行調整，不過這種轟炸型可能會採用更強勁、更高效（亞音速情況）也更便宜的F135或F136發動機（聯合攻擊戰鬥機計劃的發動機）。有報道稱FB-22的作戰半徑將達到3500千米。

飛行特性

F-22A在設計之初就具備「超音速巡航」能力，或者說在不開加力的情況下也能維持超音速。不過超音速巡航能力不是「猛禽」獨有的技術，超音速巡航能力可以使飛機在不額外消耗油料的情況下以極高的速度巡航，並迅速通過敵方空域。而「猛禽」強大的推力和較低的阻力，也可以保證實現較快的超音速加速。這也使它能夠在較高的速度下發射空對空導彈，只要沒超過內部武器艙發射導彈的速度限制。這一點很重要，因為發射導彈時的速度越快，導彈的飛行距離就越遠——這在迎頭BVR交戰中

上圖和左圖：由於沒有新的專用轟炸機計劃上馬以取代B-1B和B-52H等飛機，美國空軍對可能的轟炸機版「猛禽」產生了濃厚的興趣，即所謂的FB-22。美國空軍希望利用這一平台投擲小直徑炸彈（SDB），這種精確制導炸彈儘管很小，但是由於誤差小，因此作戰效果不輸於較大的武器。

尤為重要。

「猛禽」的某些對手甚至放棄了大攻角能力，而與此相反，俄制戰鬥機卻可以做一些「馬戲表演」而非戰術動作，當然這將耗費大量能量。但是大攻角機動還是偶爾會用到的，尤其是在轉彎或低速垂直翻滾時非常有用，可以保證機炮或導彈導引頭牢牢咬住目標。一些分析家忽略了俄制戰鬥機「軟限制」的優點，這可以使飛行員謹慎地稍微飛出飛行包線。在這種情況下，偏離正常控制的飛行成為可能，飛行員則需冒著飛機過載的風險。但是保證飛行員能夠進行這種機動，在躲避導彈追蹤和避免撞山時非常有用。相比之下，西方的線傳飛控（FBW）系統設置了硬性限制，不能突破，飛行控制系統電腦中預先編程以保護飛行員，避免超過設計g值和攻角限制。

官方進行的大攻角測試限定在60°，

飛機證明了自身在這個角度的機動能力和轉彎速率。這些測試包括在速度達148千米/小時的情況下翻滾一分鐘而不至於失控，僅連續輕微拉桿，滾轉率就能達到100°/秒，俯仰率達到60°/秒。儘管F-22的機動性已經讓人難忘，但是它還沒有公開展示過全部性能。

洛克希德·馬丁公司特意強調了F-22A的低可探測性或者說是隱身特徵，將其稱作世界上唯一一種真正意義上的隱形空優戰鬥機。「深藍」和「大趨勢」（即F-117A）計劃已經為洛克希德·馬丁公司提供了比其他承包商更多的隱形飛機的設計和製造經驗，而這些經驗也融合進了F-22A之中。但是，不能將「猛禽」視作與F-117A同等的隱形平台。隱形戰鬥機是指進行針對性設計，讓飛機不被敵方雷達探測到。「夜鷹」利用較小的RCS和精密的飛行計劃系統，從敵方雷達的探測盲區偷偷溜進去。之所以會出現雷達探測盲區，是因為隱形飛機只有在距離雷達非常近時才會被探測到，以及飛行員對任務的精心策劃和對情況的靈活處置。飛機要準確按照計劃時間和既定路線飛到目標上空。

而對於F-22A的飛行員來說，情況絕非如此。F-22A戰鬥機可能要為非隱形攻擊機護航，路線也由這些攻擊機的機組成員選擇，或者與敵方戰鬥機作戰。因此，F-22A圍繞著這些攻擊機就無法不被敵方雷達發現，或者溜進雷達探測盲區。毋庸置疑，較小的RCS很有用；對F-22A來說，RCS越小，敵方雷達探測到它所需的時間就越多。因此，較小的RCS能夠提供一定的戰術優勢。因此F-22A被設計成低可探測性的小平面結構，盡量避免出現尖端的RCS。這指的是「蝴蝶結」狀RCS（機頭和尾部的RCS最低）。此外，還特意在邊緣和表面的不連續之處使用雷達吸波材料（RAM），並將經常性要開啟的檢查窗口的數量降至最低（在窗口關閉之後要進行自我密封或者用吸波材料將以密封）。

在隱身性能方面，歐洲設計師選擇了一種不大一樣的哲理，他們認為較低的RCS只在正前方視角有用，即飛機面朝目標而去時。「陣風」和歐洲戰鬥機的前方RCS設計得很小，因此降低了被探測到的距離。BVR空戰獲勝的關鍵在於在敵人發現你之前發現敵人，所以較小的前方RCS很重要。在這方面，F-22A、歐洲戰鬥機和「陣風」有很大的相似之處。儘管「猛禽」的尺寸較大，但是它的隱形設計為它提供了獨特的優勢，因為無論從哪個角度它的RCS都很小，難於被攔截。在大多數空戰中，側面RCS暴露給雷達和導彈的時間極為短暫，攔截也極為困難。

在空戰中使用自身機載雷達也不是必需的。所有的現代戰鬥機都安裝了雷達告警接收器（RWR），飛行員知道什麼時候自己的飛機被敵人盯上了，什

麼時候敵方雷達從搜索模式轉到跟蹤模式，什麼時候敵方雷達正引導導彈來襲。RWR還可以向飛行員顯示敵方雷達的位置，有時還可以得知敵我之間的距離。由於已被敵方發現，飛機雷達的用處有所降低，很多現代戰鬥機更多的是利用外部傳感器，例如機載預警與控制系統（AWACS）或被動傳感器，以避免暴露自身位置。飛行員們很聰明地使用雷達，盡量少地發送信號。

儘管戰鬥機可以使用其他傳感器探測和跟蹤潛在的敵人，但是像F-22A這樣的戰鬥機仍需要降低所有的信號，紅外信號也不能忽略。「猛禽」使用的紅

本頁圖：當洛克希德・馬丁公司贏得ATF競標時，這一競標結果的部分緣於美國海軍對這種戰鬥機的艦載型感興趣。競標結果出來了，但是美國海軍的計劃卻很快取消了。

外吸收塗料是波音公司生產的，還耗費能量給機翼前緣降溫。它還安裝了扁平的二元發動機尾噴口，使尾流平緩，以盡快散熱。紅外測試工作是於2001年在加利福尼亞州慕鼓角進行的，美國空軍稱在可持續的超音速情況下，「猛禽」各個角度的紅外信號都很低。因此，紅外搜索與跟蹤系統（IRSTS）並不是全能的，隱形危機也並未到來。IRSTS之所以有較遠的探測距離，可能將假定情況定為目標開了加力，而F-22A開加力的時候並不多，持續時間也很短。「猛禽」的隱形保護措施使其在空戰中具有「先敵發現，先敵攻擊」的優勢。

上圖：洛克希德·馬丁公司從F-117A「夜鷹」的相關計劃中獲取了大量的經驗，並成功將其運用於ATF。低可探測性是「猛禽」的一大特徵，不只是從迎頭角度（大多數其他「超級戰鬥機」都把焦點集中於此），而是從所有角度，這得益於它的形狀和多平面特徵。

由於可探測距離縮短，F-22A可以在採取了防空措施的地區自由機動，充分利用速度和機動性。它可能會出現的劣勢是在目視範圍內，因為它的稜角分明，機翼面積又較大。過去的很多年中，數不清的F-15飛行員被對手在較遠的距離發現，就是因為飛機的尺寸較大。因此，F-15「鷹」被戲稱為「飛行的網球場」。在目視距離的戰鬥中，F-22A可能較容易被發現。

由於20世紀70和80年代蘇聯戰鬥機的威脅越來越大，F-22計劃在一開始性能要求之高也就不足為奇了。實際上，該型戰鬥機是第一種注重高性能與隱身性能結合的飛機。在不開加力的情況下，F-22A可持續的超音速速度被證實是1.7馬赫，這比以前的戰鬥機要高80%。這也意味著F-22A還保存有在超音速的情況下進行機動和加速的能量，而現有的戰鬥機和尚未服役的JSF並不具備。「猛禽」的作戰高度以前被認為是50000英尺（15240米），現在被證實為60000英尺（18288米）——這要比其他戰鬥機50000英尺的升限高得多。普通戰鬥機一旦座艙失壓，在飛機降低到可以保證飛行員呼吸到足夠氧氣的高度時，飛行員就失去意識了。F-22A的情況則不同，抗荷服集成了主動壓力呼吸功能，起到了增壓服的效果。

下圖：F-22A的第一個作戰中心將是維吉尼亞州的蘭利空軍基地，第一批戰鬥機於2004年底到達——並最終裝備3個中隊。「猛禽」極為精密的技術，意味著它將使美國在是否將其對外出口的問題上面臨兩難，特別是美國對先進技術的出口是很敏感的。但是國外的訂單也有助於分擔F-22高昂的研發費用。

美國空軍稱「猛禽」開加力時最大速度可以達到2馬赫。這一限制可能決定於機身和發動機結構耐熱程度。軍方稱F-22A的轉場航程為1800海里（3334公里），但是並沒有透露作戰半徑。但是根據已知的機身內油箱容積18348升（8323千克），燃料份額達0.28（28%的任務載荷是燃料）。這算不上很高，而

且與其他戰鬥機不同，F-22A在執行作戰任務時不能攜帶副油箱，這意味著航程可能受限。但是，過去美國空軍曾透露過，「猛禽」可以在半小時的任務中全程「超音速巡航」。假如說超音速巡航速度是1.7馬赫，亞音速巡航速度是0.9馬赫，這等於是說不進行空中加油的作戰半徑是700公里。美國空軍一再告訴美國審計總署，F-22A超過了規定的作戰半徑。

看到航程估算的同時，還要想到F-22A不會像常規戰鬥機那樣飛行和戰鬥。「猛禽」不會掛載副油箱以攜帶額外的燃料，因此也不會受到副油箱和吊艙產生的阻力影響。除了會額外增加重量之外，武器也不會增加戰鬥機的阻力。此外，在典型任務中，F-22A比常規戰鬥機開加力的時候要少，因此會降低燃料消耗。

生產訂單

儘管F-22計劃最初是要求耗資262億美元購買750架飛機，不過數量很快就被削減到648架，耗資卻飆升到866億美元。1983年9月，根據美國國防部自下而上的調查，生產數量降至438架，耗資716億美元，後來在1997年5月的四年防務評估中，這一數字又縮水到了339架。此時，整個計劃預計耗資583億美元。但是在1999年7月，有人提議將最初6架生產型飛機所需的資金延緩兩年提供，以便為飛行員保留計劃、軍隊債務和其他更為迫切的計劃提供資金。該項飛機計劃耗資如此之高，以至於多次被質疑，對該計劃的強硬觀點仍然存在。有人認為製造數量應降低到125架，使「猛禽」更像是「金子彈」，而先進的F-15和JSF作為補充力量。但是在新千年之初，計劃採購的數量仍然是322架完全生產型飛機，在2011年前分10個批次交付，另外還有9架EMD型F-22A、兩架產品型驗證機（PRTV）和6架第二階段產品型驗證機（PRTV II）——總計339架飛機。

儘管美國空軍不顧及各種抱怨，但是F-22計劃仍存在變數。五角大樓的國防採購委員會（DAB）曾授權進行小批量試生產，大約要生產90架飛機。但是如上面所提到的，使用測試推遲了8個月（至2003年4月），這也就使得飛機的交付也需延遲。如果一再拖延，五角大樓就不會授權大批量生產——而大批量生產的決定本應在2004年作出。由於稍稍落後於時間表，主承包商和分承包商都感到了最後期限的壓力。

2001年國防採購委員會的評估也導致了大批量生產的推遲，並將美國空軍計劃採購的飛機數量砍去了36架。每年36架的大批量生產計劃也從2004財年推遲到了2006財年。原計劃第一批小批量生產的數量是10架，第二年是13架，2005年增加至35架。儘管1997年的四年防務評估將生產數量定為339架，但實際數量降至331架，因為有8架小批量生

上圖：即使面向雷達飛行，偌大的「猛禽」看上去卻很小，這得益於精心設計的斜邊和直邊，可以將所有角度的雷達反射降至最低水平（而不只是迎頭），這一特點使其成為真正意義上的隱形飛機。在流暢的外形之下，是圍繞APG-77有源相控陣雷達搭建的智能航電系統。APG-77不只是一部雷達，它的天線陣列還可以利用被動模式找出雷達信號源，並將這一數據反饋給中央計算機。

右圖和下圖：喬治尼亞州瑪麗埃塔的F-22A生產線。「猛禽」大量使用了複合材料、先進的金屬和合金——包括鈦合金焊接和澆鑄，主起落架使用的熱處理過的AirMet100鋼材。除了兩架原型機和兩架EMD靜態測試機之外，F-22的初步生產還包括9架可以飛行的EMD飛機，8架第1批次/第2批次產品型驗證機和10架第1批次小批量生產型樣機。F-22的生產數量合計339架，美國空軍是主要用戶。

產樣機（1998年12月訂購兩架，1999年12月訂購兩架）換以產品型驗證機的名義充數。2001年的計劃要求飛機最低採購數量為295架（不包括8架產品型驗證機），儘管美國空軍和承包商一再表示，一旦大規模生產開始，成本就將下降，用同樣的錢完全可能生產出331架飛機。2004年能否大規模生產的決定取決於DIOT&E能否成功完成，而這又取決於所需飛機能否及時交付。這需要4架基本型F-22A和一架後備機，不過其結構已經接近生產型飛機。4架基本型的編號是4008、4009、4010和4011，其中4008和4009是最後兩架工程和製造發展（EMD)飛機，而4010和4011是前兩架產品型驗證機（PRTV）。兩架產品型驗證機的訂購實際上是一種妥協，美國國會決定將小批量生產計劃推遲，但同時又要保證生產線的運行。編號4007的飛機是後備機。

在冷戰的高峰時期，雙方對戰鬥機的持續研發被認為是合情合理的，但是蘇聯崩潰數年後，美國政治家和公眾對高成本的計劃變得很敏感。高成本的計劃招來各種指責，被認為是向冷戰時代的倒退。希望軍方購買更為便宜、效費比更高的武器，採購數量也要降低。F-22A計劃在經費揮金如土的冷戰時代被認為很有價值，而且生產週期還要延長，也很少有人質疑為美國飛行員提供最好的戰鬥機的必要性。但是現在，很多人認為一種更為便宜的戰鬥機也能應付現實威脅。

時至今日，美國政府除了把F-22A計劃繼續推進之外，也別無選擇，儘管價格高昂。因為在政治上，美國人也很難接受要從國外購買戰鬥機；撇開成本不說，要研發一種新型戰術戰鬥機，時間上也來不及。按照設想，JSF也無法完全執行「猛禽」的任務，因為它是一種充分考慮到成本的戰鬥轟炸機，更適合執行空對地任務。這樣一來，JSF是F-16的完美替代品，但是達不到先進戰鬥機的要求，即便短期內也不行。歐洲戰鬥機和「陣風」等戰鬥機可能落入未來的敵人之手，美國可以通過升級F-15以達到同等水平。但是，美國戰鬥機飛行員從來不肯接受駕駛同等水平的戰鬥機參戰，在任何情況下這都被認為是危險的建議。

無論承認與否，在很多方面，蘇-27、蘇-30、「幻影」2000和米格-29已經達到與F-15系列同等的水平。在伊

下圖：Block 3軟件將所有的傳感器結合起來，並加強了電子戰和CNI功能。2002年4月25日，Block 3.1安裝在4006號機上進行試飛，該軟件整合進了JDAM發射功能和JIDS接收模塊功能。

上圖和下圖:1998年7月30日F-22A進行了第一次空中加油，編號91-4001的飛機與第412試飛聯隊的NKC-135E在加利福尼亞州上空20000英尺的高度對接。這次空中加油是在一次3小時試飛的中途進行的。F-22A的受油口位於飛機的脊背上，距離座艙較遠。

拉克和巴爾幹地區，美國飛行員之所以能夠取得驚人的擊毀—損失比，得益於飛行員良好的素質和過硬的訓練，以及絕對的制空權。F-15的成功在於獲得了制空權。如果沒有大量的對敵防空壓制（SEAD）支援和AWACS控制，以及飛行員的出色表現，F-15完全可能被米格-29甚至笨拙的帕那維亞「狂風」擊敗，就像演習中出現的情況一樣。F-15在其真正的對手面前並無任何優勢，特別是如果雙方的飛行員都接受了良好的訓練。新一代戰鬥機的傑出代表，如「鷹獅」、「陣風」和歐洲戰鬥機的性能都要比F-15優越，如果這些戰鬥機落入敵方手裡，F-15「鷹」的飛行員就要處於劣勢了。有人可能會說這些戰鬥機永遠不可能落入美國的敵人手中，但是這一點無法得到保證。在這個快速變化著的世界中，今天的朋友也許就是明天的敵人，而歐洲的生產廠商們正在全世界熱情而堅定地推銷他們的新式戰鬥機。

即便不把歐洲的新式戰鬥機作為威脅，其他潛在的威脅仍然存在。儘管俄羅斯的戰鬥機計劃陷於休眠狀態，但是有復甦的跡象，如蘇霍伊領頭的輕型前線截擊機（LFI）第5代戰鬥機計劃已經得到證實。如果這些飛機安裝上先進的西方航電系統（可能從法國或者以色列取得），將極具威脅性。另外，俄羅斯正在進行的對現役飛機的升級，也意味著這些飛機可能給現在的F-15帶來挑戰。如果敵人為自己的飛行員提供了優勢裝備，美國與其軍人之間的非書面協議（即前面提到的為飛行員提供比敵人更為先進的戰鬥機）將會受到質疑。沒有任何其他國家可以依賴一支憑理想主義進行作戰的軍隊。反過來說，美國的軍人一直都舒服地認為，他們的國家會不惜金錢為他們提供最好的武器。而F-22A為未來的美國戰鬥機飛行員提供的就是這種可以信賴的優勢。

如果得不到F-22A，美國空軍飛行員在空戰中將面臨極大的危險；如果美國飛機製造業為美國空軍提供的戰鬥機不足以匹敵最新式的外國戰鬥機，它也將遭受沉重和恥辱性的打擊。這將造成極為嚴重的後果，美國空軍也將處於沒有先進空優戰鬥機可用的境地。美國空軍一再聲明，願意接受低成本，當然性能也相對較低的JSF，但是前提是擁有足夠數量的F-22A。JSF可以與F-22A作為高低檔搭配中的便宜平台使用，美國空軍稱，JSF可以利用AWACS和「猛禽」等的外接傳感器執行任務。還應當記住，F-22計劃實際上承擔了JSF計劃的部分風

上圖和下圖：普拉特・惠特尼F119-PW-100發動機——雙轉子、增壓渦扇發動機，其特點是3級風扇、6級壓縮機——被選為F-22A的發動機。推力155.69千牛（kN），擁有全權數字式電子控制器（FADEC）和二元矢量尾噴口。

險和成本。如果沒有「猛禽」，一些航電設備的研發就要落到JSF計劃中，這將使JSF計劃的成本上升。另外，如果沒有「猛禽」，美國也可能會失去先進空優戰鬥機的市場。

隨著時間的流逝，美國政府可能不得不接受更高的成本，以使美國的戰鬥機具備一些有潛在競爭力的戰鬥機所顯示出的優點。除了美國空軍之外，「猛禽」幾乎不可能有其他用戶了，但是它卻可以作為洛克希德・馬丁公司和美國航空工業的旗艦和性能驗證機。如前面所述，「猛禽」的研發可能有助於提高JSF的性能。

如果計劃進展沒有遭遇重大挫折，第一架生產型F-22A（編號4018）應當於2003年交付佛羅里達州廷德爾空軍基地的第325戰鬥機聯隊。這裡是新式戰鬥機的訓練基地，L3通信公司的飛行模擬和訓練部門將為該基地提供兩套全任務訓練器和4套武器戰術訓練器。第一個形成戰鬥力的F-22A基地是維吉尼亞州的蘭利空軍基地，臨近空戰司令部的指揮部門，第一架F-22A應該是在2004年9月到達那裡。預計到2009年，該基地的3個中隊，每個中隊裝備24架F-22A，另有6架留作後備（合計78架「猛禽」）——足以取代蘭利空軍基地的F-15了。

毫無疑問，F-22A是世界上最強大的戰鬥機，是否與其所耗費的經費成正比還不得而知。很大程度上，它所應具備的性能足以補償投資。即便是在最後階段，失敗的風險還依舊存在，一旦出現差錯，該計劃就將走一段彎路。如果一

下圖和左圖：美國空軍從不隱瞞自己將F-22A視作未來空戰的主角。美國空軍甚至為了向該計劃提供足夠的資金而將其他計劃暫停，可見該計劃的重要程度，但是美國國會的一些議員卻質疑美國空軍的做法。由於已經清醒地認識到F-15「鷹」沒有能力對抗世界上的新一代戰鬥機，美國空軍希望「猛禽」成為「鷹」的終極替代者。

切完美進行，戰鬥機成功服役，這是不是就是說美國納稅人的錢得到了回報？隨著計劃的持續進行，耗資也在不斷增加，如果用398億美元採購339架飛機，每架飛機的成本就是11740萬美元，包括武器費用。這一數字還不包括EMD階段花費的189億美元，以及驗證/定型和ATF評估階段的成本投入。

如果美國空軍的採購數量再次被削減，無疑F-22A的成本還要升高。「猛禽」高昂的價格，加上飛機所使用的先進技術，使其不大可能對外出口，即便出口也僅限於非常緊密的盟友，如英國、德國、以色列和日本。據報道，洛克希德·馬丁公司曾向沙特阿拉伯和韓國作過該計劃的簡單介紹，但是很難想像這兩個國家會有足夠的資金購買「猛禽」，即便美國政府同意出口。規模經濟的可能很渺茫，不過洛克希德·馬丁公司仍熱情堅持著「少量生產」的信念。因此，「猛禽」計劃應當將產量和成本充分加以考慮。諷刺的是，先進的系統給F-22A帶來的先進性能意味著它不可能為走向市場而開發低端版本。

詳細參數

翼展	44英尺6英吋（13.56米）
機身長度	62英尺1英吋（18.92米）
高度	16英尺5英吋（5.00米）
空重	大約30000磅（13608千克）
最大起飛重量	大約60000磅（27216千克）
最大速度	2馬赫以上（11000米高度不攜帶武器）
巡航速度	668節（1237千米/小時）
作戰半徑	保密
實用升限	大約50000英尺（15240米）
座艙	單座，零—零彈射座椅
發動機	兩台普拉特·惠特尼F119-PW-100渦扇發動機，矢量推力，每台發動機大約能夠提供35000磅推力（lb st，即155.69千牛）
武器	內置——AIM-120C，AIM-9，GBU-32 JDAM 外掛——機翼下有4個外掛點，另有1門M61A2 20毫米機炮

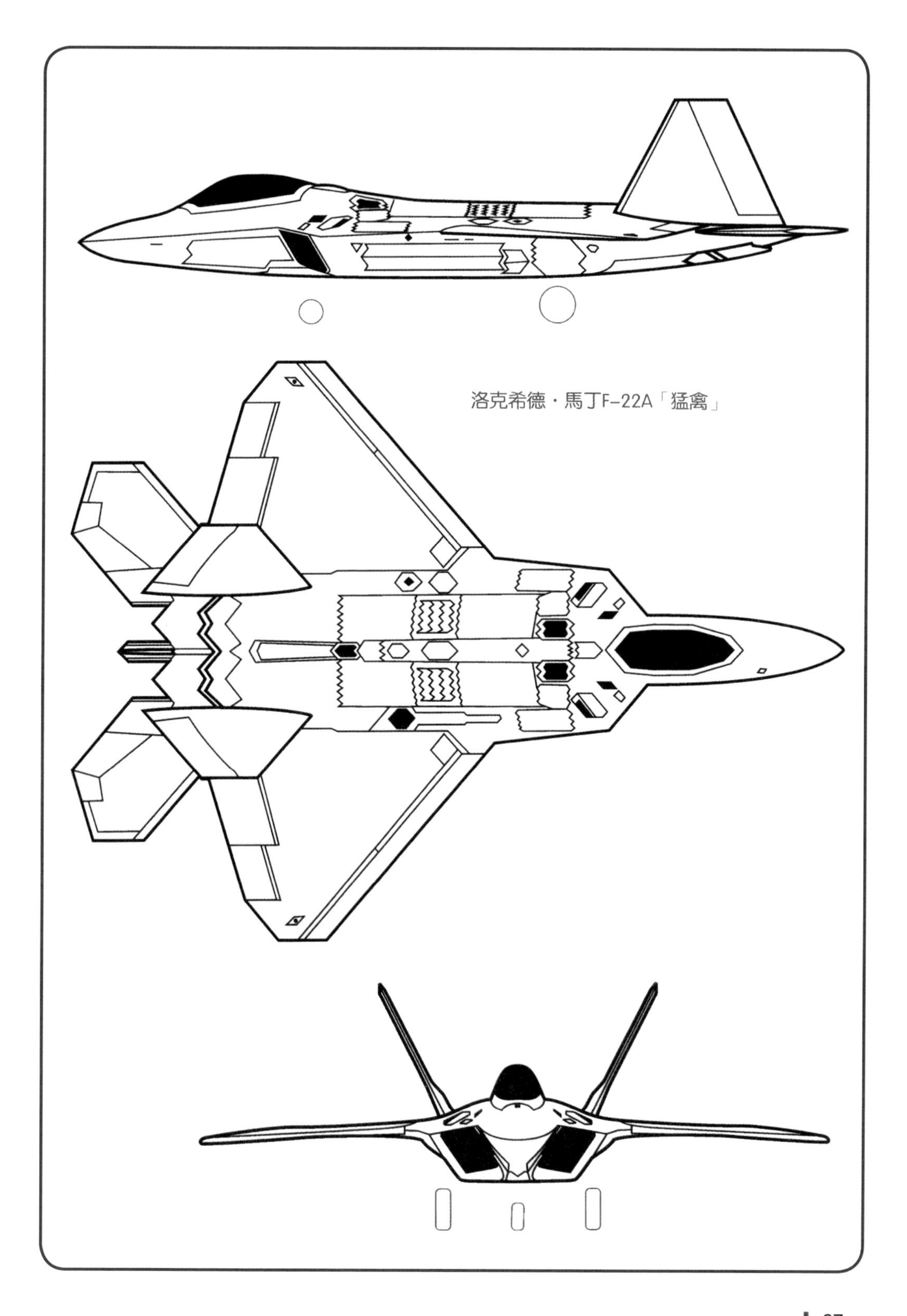
洛克希德·馬丁F-22A「猛禽」

戰機2　洛克希德·馬丁 F-35 JSF

研製

如果JSF計劃進展順利，那麼它將成為有史以來最大的單項防務計劃，市場潛在需求為5000～8000架飛機；它還將扭轉軍用飛機單架的成本日益增高的趨勢。JSF還將成為作戰飛機的一大突破，不是依靠速度或機動性，而是依靠隱身性能、智能傳感器、先進的顯示器與內置武器的結合。JSF可以攜帶兩噸精確制導武器，外加防禦性空對空導彈，JSF的

上圖：洛克希德·馬丁公司在聯合攻擊戰鬥機（JSF）競標中戰勝波音公司，將有史以來最大的噴氣戰鬥機訂單收入囊中——美國空軍、美國海軍、美國海軍陸戰隊、英國皇家空軍和皇家海軍都已經宣佈將裝備剛剛命名為F-35的JSF。

航程將比其前任更遠，飛行員可以在目視距離以外探測到空中威脅，並選擇避開或是攻擊目標。JSF傳感器的設計充分反映了設計者的認知：高速而安全的數據鏈在未來衝突中必不可少。它所反映出的「網絡中心戰」概念遠超過其他戰鬥機——「網絡中心戰」將通信、信息收集能力和阻止對手達到相同目的，置於與炸彈和子彈同等重要的水平。

JSF家族還包括一款短距起飛和垂直降落（STOVL）衍生型，而且要以不增加成本或降低其他常規型的性能為前提。放在1990年前，沒有人會認真考慮這種可能性。該計劃的一項目標是在軍事項目中，像研製民用客機那樣嚴格控制成本。這是一次真正的變革。JSF已經改變了軍用飛機設計和製造的方式，它是軍事需求不再按部就班地進行的時代所設計的第一種飛機。

1993年克林頓總統第一次入主白宮之時，美國空軍和海軍正在研製兩種飛機——F-22和F/A-18E/F。兩個軍種還在聯合計劃著一種重型攻擊機（代號A/F-X），而美國空軍還在尋找F-16的繼任者。但是後兩項計劃都於1993年取消了，而五角大樓又在3年之內推出了一項新式單座戰鬥機的計劃，旨在替換美國空軍和海軍數以千架的飛機，它的衍生型還能夠取代美國海軍陸戰隊的STOVL型AV-8B。這就是後來的JSF，真正的設計工作始於1990年至1991年，而其技術研究早在幾年前就進行了。

JSF的前輩源於美國海軍陸戰隊和英國皇家海軍的需求，當時這兩支部隊都裝備「鷂」。20世紀80年代初，兩支部隊都開始裝備新式「鷂」——皇家海軍裝備的是「海鷂」F/A.2，而美國海軍陸戰隊的「海鷂」稱為AV-8B——但是這兩支部隊也都明白，2000年以後它們還要購買新飛機。如果沒有STOVL繼任者，美國海軍陸戰隊就要退回到向美國海軍航母艦載機請求空中支援的時代，也沒有機會在美國海軍的大型兩棲戰艦上部署噴氣式飛機了。對英國皇家海軍來說，情況則更糟糕，皇家海軍的輕型航母根本無法起降常規艦載機，只能被改作直升機航母。

1986年1月，一項國際性聯合協議（涵蓋了「鷂」替代機的技術）在加利福尼亞州美國航空航天局（NASA）的艾姆斯研究中心簽署。名義上簽約的雙方是NASA和英國皇家航空學會——後來成為英國國防評估與研究局（DERA）的一部分——但是它們與美國海軍陸戰隊和英國皇家海軍，以及美國和英國的航空工業保持著密切的合作。該協議簡單勾勒出一個超音速STOVL戰鬥機的需求草案，並對幾種不同的STOVL設計進行比較。根據計劃，將選出最為實際的概念，1988年開始進行投資和測試，1995年開始研製作戰飛機。

所選擇出的4種研究方案中，其中之一是「鷂」的變型，採用直接升力。為了能使飛機懸停，發動機需要安裝在飛機中部，可以通過轉動尾噴口使推力向下偏轉。另外一種是所謂的遠距加力升力系統（RALS），在機頭附近安裝加力尾噴口，前風扇的增壓空氣通過引氣管道引入前機身內的加力燃燒室，點火燃燒後向下排出，產生部分推力升力。第三種概念是由通用動力公司和加拿大德·哈維蘭德公司提出的，在戰鬥機機翼中安裝可折疊的噴射器。第四種方案是洛克希德公司和羅爾斯·羅伊斯公司提出的，採用「串聯風扇」發動機。這更像是一台傳統的噴氣發動機加上了一個額外的壓縮級，這一級與其他部分在同一軸上，位置靠前。在爬升和平飛時，這種發動機與常規的噴氣發動機沒什麼區別。空氣通過進氣道前面的壓縮級，進入發動機。但是在STOVL時，空氣經過前面的壓縮級時被分流到兩個排氣裝置，剩餘的空氣流向發動機。這種模式下，發動機更像是大涵道比的民用客機發動機，以產生額外的推力。

上圖：幾個軍種不得不接受折中方案，以確保JSF具有很高的通用性（而且要保證計劃切實可行），這意味著該型機的機動性和速度不會有重大的提升，但是它卻可以攜帶各種不同的武器，而且具有強大的航電系統。

1987年，美國海軍陸戰隊作出了重大決定。先進短距起飛和垂直降落（ASTOVL）飛機將取代美國海軍陸戰隊的「鷂」和常規的F/A-18。美國海軍陸戰隊進一步完善了需求，要求飛機不

上圖：波音公司的X-32A（上左側和下圖）和洛克希德・馬丁公司的X-35A概念驗證機基本上詮釋了「高風險」和「低風險」的兩種選擇，當然風險程度都是相對而言——特指在JSF計劃中所使用的不同技術。

能比F/A-18大（考慮到空重），但是航程要更遠，還要具有隱身性能——這一特點仍然是目前技術要求的一部分。美國海軍陸戰隊的決定非常重要，因為這意味著該計劃的生產規模至少在700架以上——不過這個好消息僅是對於ASTOVL。

但是選定的設計很快遇到了重大挫折。戰鬥機的發動機噴氣、地面和進氣道的相互作用無法很好地協調，問題的難度超過了預期，安裝加力發動機的直接升力系統和遠距加力升力系統方案宣告出局。1992年9月，俄羅斯雅剋夫列夫設計局攜帶自己的雅克-141 STIVL參加英國范保羅航展，它進行了懸停表演，但是沒有垂直著陸，因為它將燒燬一切表面，除非是鋼製甲板。在依靠噴氣發動機的飛行中，控制沉重而強勁的飛機是很困難的，需要發動機提供很大的能量。對串聯風扇發動機和噴射器方案來說，從依靠機翼飛行到依靠噴氣發動機飛行的轉換控制則更為複雜。有的佈局因為隱身性能問題而失去競爭優勢，不過出於安全考慮，這些問題不進行細節討論。

1989年，ASTOVL計劃胎死腹中，因為沒有一個概念能夠在可接受的風險水平上解決細節問題。正當項目面臨破產的危急關頭，美國國防部先進研究計劃局（DARPA）開始了STOVL的研究工作。早在15年前，DARPA便得到了隱身技術的結晶。DARPA開始介入英國與美國的STOVL計劃，計劃管理者發現該計劃於80年代末已陷入困境。如果採用更為集中和積極進取的驗證計劃，ASTOVL計劃中的隱身性能等指標還是具有可行性的。

計劃的領導者削減了一些硬性指標，但是保留了最大空重24000磅的指標（該指標意味著成本的高低）；並準備選擇YF-22和YF-23先進戰術戰鬥機計劃中研製的強勁發動機；而且制定了一個以製造大尺寸動力模型（LSPM）為開端的計劃———個安裝全套動力系統卻不能飛的平台，僅用於地面測試——之後以此為基礎製造和測試有人駕駛的原型機。這一措施就是為了確保競標公司在沒有自信能夠製造出可以飛的飛機前，不會提出解決方案，而LSPM的測試也會降低整個計劃陷入泥潭的可能性。20世紀70年代，羅克韋爾公司研製的超音速STOVL原型機XFV-12A，就是因為升力不足以抵消自身的重力而流產，項目管理者對這一失敗仍記憶猶新。另一原則可以由DARPA的名字反映出，即不斷探尋以前沒有測試過的解決方案。這些決策在計劃的整個進程中得以反映，至今仍起作用。

1989—1991年間，DARPA向麥克唐納・道格拉斯、通用動力和洛克希德先進研發公司（即臭鼬工廠）的飛機設計研究，以及通用電氣（為YF-22和YF-23提供YF120發動機）和普拉特・惠特尼（YF119發動機）的推進系統研究提供資金。這些研究工作集中解決早期STOVL概念的兩個基本問題。第一個問題是發動機噴出的高速高熱氣流對大型超音速飛機來說，不只是障礙，還是威脅。噴氣發動機噴出的氣流足以將甲板上的人員和設備像紙屑一般吹飛，而產生的高熱氣團還將降低發動機的動力。即便解決了高熱氣體的挑戰，在軍艦上的起降操作也是問題，因為飛機降落時需要清理出很大的著陸區域。第二個問題是在升起一飛走的飛行中隱身效果會被單發後置的尾噴口抵消掉。

如果能夠將發動機的部分能量前移以平衡後置的尾噴口，不但這兩個問題能夠得以解決，還可以在降落時降低飛機的速度。洛克希德臭鼬工廠的工程師保羅・貝拉維奇最先找到了這一方法，並在1993年獲得了專利。這種新式系統源自串聯風扇方案，但是有3個根本變化。前置風扇產生的氣流與主氣流分離，在巡航飛行時將風扇關閉，風扇可旋轉，這樣它的軸就可以是垂直的。與串聯風扇方案相比，這種系統複雜程度降低，而從依靠機翼飛行到依靠噴氣發動機飛行的轉換控制卻變得相對容易。

同時，通用電氣公司拿出了其塵封已久的升力風扇系統的數據，該系統是通用電氣公司在60年代為美國陸軍研製的。通用電氣公司的風扇是由發動機噴出的氣流推動的渦輪所驅動的。與此同時，通用電氣公司還開發了可變循環發

上圖和右圖：JSF計劃的競標也使得新式戰鬥機計劃的主導思路得以變革。它重新定義了航電、製造技術、通用性和成本可承受性相結合的藝術。這也是有史以來第一次，戰鬥機的研發採用了與民用客機相同的研發原則——成本預先設定，設計者和製造者要利用最少的資金生產最好的產品。

動機F120，這一發動機是先進戰術戰鬥機的候選發動機。該發動機的一大特點是能夠產生大量的高壓噴氣，並能夠持續工作。1991年，洛克希德和通用電氣公司的風扇增升系統問世——在DARPA計劃管理者看來，這是系統走向實用的最大希望。同年，DARPA說服美國海軍發佈ATOVL攻擊戰鬥機的需求草案，並將其列入正式研發計劃。DARPA徵求解決方案，並宣佈將會在1993年選擇兩家公司製造全尺寸模型機，在1995年將最佳方案選入飛行驗證計劃。

在DARPA完善性能需求的同時，另一個小問題浮現。與「鷂」不同，依靠風扇升力的STOVL設計採用了常規的發動機內置佈局，位於機身尾部。如果移除風扇和相應部件，位於座艙後方的區域就可以容納一個大型油箱，這就使得戰鬥機的內置油箱非常大，進一步講，航程也將非常可觀。對美國空軍來說，「沙漠風暴」行動的一大教訓就是：如果戰鬥機不是在中歐作戰，那它就需要很大的航程。DARPA的計劃制定者們準備將ASTOVL作為F-16的潛在替代機，因此在1993年DARPA與洛克希德公司和麥克唐納・道格拉斯公司簽署合同時，該計劃就不僅僅是ASTOVL，而且還是通用廉價輕型戰鬥機（CALF）。這種飛機

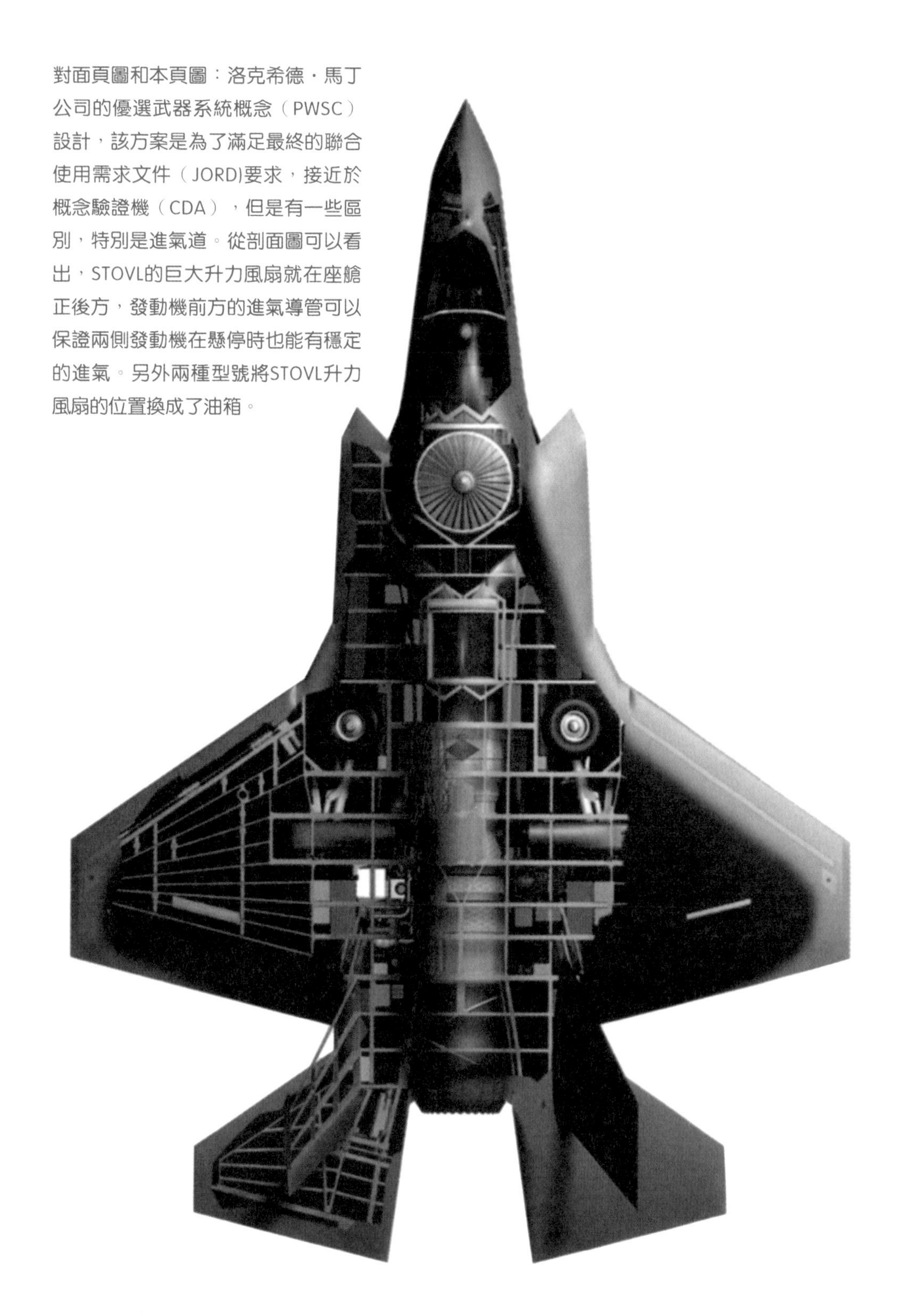

對面頁圖和本頁圖：洛克希德・馬丁公司的優選武器系統概念（PWSC）設計，該方案是為了滿足最終的聯合使用需求文件（JORD)要求，接近於概念驗證機（CDA），但是有一些區別，特別是進氣道。從剖面圖可以看出，STOVL的巨大升力風扇就在座艙正後方，發動機前方的進氣導管可以保證兩側發動機在懸停時也能有穩定的進氣。另外兩種型號將STOVL升力風扇的位置換成了油箱。

要按照STOVL和常規起降（CTOL）兩種形式進行設計和驗證。

在隨後的12個月中，其他兩家公司也加入了CALF計劃，使用獨立的研究和開發資金。當ATF合同落入洛克希德公司囊中後，波音公司將目光放在了未來戰鬥機項目上——團隊成立於1991年4月，在這個團隊中波音是領袖。自從1986年波音公司在ATF驗證/定型競標中被排在第4的位置後，波音公司便決定在戰鬥機計劃中一定要做主承包商。未來預算肯定會很吃緊，因此波音公司決定走低成本路線。波音公司得出的結論是——未來需要的是多軍種、多用途戰鬥機，空重要接近F-16，成本要低於F-22，STOVL型的性能足以替換「鷂」，航程要超過現役戰鬥機。

波音公司從30種佈局中選出的AVX-70設計，就是集中於成本和簡易性。這種直接升力設計沒有獨立的升力風扇，不過由於飛機尺寸和重量都很小，可以在不增加升力的情況下垂直降落。為了使重量最小化、攜帶更多的燃料，波音公司選擇了三角翼。儘管該方案沒能贏得DARPA合同，波音公司仍然對這一概念充滿自信，並準備利用自己的資金參與地面測試項目。與洛克希德公司和麥克唐納・道格拉斯公司一樣，波音公司也製造了大尺寸動力模型，並在巨大的室外高架台上進行測試。

諾斯羅普・格魯曼公司宣佈，它將在1994年夏天參加CALF項目競標。該公司選擇了增升起飛/巡航（LPLC）設計。安裝一台加裝垂直尾噴口的F119發動機，前部機身安裝一台獨立的升力風扇發動機。羅爾斯・羅伊斯公司加入了升力發動機的設計團隊。該設計的一個特點是採用了非同尋常的「錘頭狀」機翼平面，在固定式前緣延伸面（邊條翼）加裝了鴨翼。諾斯羅普不打算製造動力模型，只是一味強調增升起飛/巡航（LPLC）佈局的風險很小。

1993年，以不同軍種對未來戰鬥機的不同性能要求為基礎，五角大樓成立了所謂的「聯合先進攻擊技術（JAST）」辦公室，旨在為新一代攻擊機尋找武器、航電和其他技術。幾個月之內，精打細算的國會便發現了CALF計劃，並將其從DARPA手中轉移至新成立的JAST辦公室。很快，新機構的防務政策的幾個要點公佈於眾。首先是努力削減或者至少是穩定預算。其次，克林頓政府不斷動用軍方資源支援其不協調的對外干涉政策，並因此導致一系列代價高昂的海外部署。國防預算也面臨壓力，由於美國國內經濟一片繁榮，美國軍方必須增加軍人收入以挽留關鍵人才。而這又導致國防採購、研究和開發資金日益緊張。戰術戰鬥機的採購幾乎完全停止。最終，美國空軍和海軍認識到，他們必須在2000年後提高飛機的購買比例以滿足正常需要，而如果之前逐步採購的話，這部分預算是可以降低的。

很多人認為JAST將是技術驗證和研

究的毫無章法的集合，但是接下來幾個月計劃辦公室的表現卻是引人注目而又超過預期的。在喬治・繆爾納少將的領導下，JAST辦公室制訂出了一個宏大的計劃。喬治・繆爾納少將曾是戰鬥機飛行員，在51區（格羅姆湖）指揮過第6513試飛聯隊。繆爾納的願景是「通用戰鬥機」，用一個大型通用機身滿足幾個軍種的不同需要。精確制導武器可以使這種可能成為現實。它可以像F-117一樣在合適的位置安裝兩枚炸彈，而不是像A-12那樣設置可容納多枚炸彈的內置彈艙；它還將裝備先進的航電設備。新的設計和製造技術將使其成本降至可承受的水平，該計劃將以CALF設計為基礎。

由於使用了最新的電腦任務建模和戰役水平的仿真技術，JAST辦公室終於協調好了3個軍種的不同需要。美國海軍被說服接受一種單座單發戰鬥機，因為一系列研究證明單座單發戰鬥機的戰鬥損失和意外損失比例是可以接受的。美國空軍也願意接受一種比F-22速度慢、機動性差的戰鬥機——實際上也不比F-16的速度和機動性高多少。而最終結果就是終於研製出了一種飛機，既可以滿足幾個軍種作戰任務的關鍵需要，又可以成為實用型STOVL飛機的基礎。這引起了航空工業界的巨大反響。美國海軍陸戰隊要替換600架老飛機，美國海軍300架，美國空軍則需要替換差不多2000

下圖：2001年2月22日，X-35B開始在帕姆代爾進行懸停坑測試。3月10日，F119-611S發動機第一次在懸停狀態下進行淨推力全功率測試。圖中可以清楚地看到座艙後面升力風扇的向外打開的背部艙門。

架F-16。從來沒有一個大型計劃進展如此神速。此外，JAST還估計，作為2010年前美國唯一的戰術戰鬥機計劃，該計劃還將獲得2000架以上的海外訂單，用於替換F-16和F/A-18。

回到1986年，有7家公司參與了ATF驗證/定型階段，而到1994年底，僅有4家公司參與JAST競標。格魯曼公司被諾斯羅普公司收購，通用動力公司的飛機業務部被洛克希德公司（洛克希德公司同時還在與馬丁・瑪麗埃塔公司進行融合）吸收，而羅克韋爾公司最終放棄了軍用飛機市場。而且將在1996年淘汰賽中出局的兩家公司，也將無緣成為戰鬥機「巨頭」。隨著JAST最終決定日期的迫近，承包商們開始更改設計，跳起了「求偶舞」。洛克希德公司和麥克唐納・道格拉斯公司同時提出了DARPA計劃中出現的隱身鴨翼設計。在機翼面積決定一切的信條下，如果設計者能夠避免機身前部橫截面出現突然的增加，那麼亞音速和超音速阻力都將最小。鴨翼之所以有吸引力，是因為它可以使機翼後移——杜絕了風扇艙周圍的進氣道出現難以避免的凸起部分。

儘管與CALF不同，JAST也不得不在航母上降落。這種飛機要具備在水平面高度低速飛行的能力，這意味著飛機需要很大的翼展和有效的襟翼，而且在低速飛行時具有很高的反應靈敏度和精確的控制。洛克希德・馬丁公司利用鴨翼來滿足這些要求，但是後來鴨翼卻變得又大又笨拙。洛克希德公司把JAST項目轉移至沃斯堡，而在那裡F-16的設計師哈里・希拉克爾一直主張「鴨翼最好的位置是安裝在別的飛機身上」。1995年，採用了鴨翼的歐洲戰鬥機「颱風」呱呱墜地，它的設計師卻一直被飛行控制問題所困擾，瑞典薩伯公司的「鷹獅」也一直面臨著同樣的問題。總而言之，洛克希德・馬丁團隊在JAST計劃中已經承擔了很大的風險，而不得不考慮安裝鴨翼。

洛克希德・馬丁後來又將目光投向了純粹的三角翼。換句話說，洛克希德準備讓美國海軍陸戰隊、美國空軍和英國皇家海軍裝備三角翼，而美國海軍的則加裝尾翼，但是最終設計卻傾向於F-22——4個尾翼和削去了尖端的三角翼。這一設計的一大優點是可以直接從F-22研發計劃中獲取飛行驗證數據庫。1995年4月大尺寸動力模型的相關數據和NASA艾姆斯研究中心的測試數據可以利用。麥克唐納・道格拉斯經歷的變化更大。1994年末，諾斯羅普・格魯曼公司同意與麥克唐納・道格拉斯公司、英國宇航系統公司在JAST項目上進行合作。這3家公司組成了「夢之隊」，匯聚了西方世界的STOVL經驗、共有的艦載戰鬥機技術、諾斯羅普的隱形技術，以及格魯曼的全天候攻擊系統經驗。

但是到了1995年中，情況卻明顯對麥克唐納・道格拉斯團隊不利。麥克唐納・道格拉斯公司於6月宣佈——在計劃定標前一年——自己的JAST設計將採用諾斯羅普・格魯曼公司的LPLC概念。接近完成的噴氣推動的升力風扇設計大尺寸動力模型被封存起來。LPLC取消了發動機和升力風扇之間的連接，因為很多研究表明這是重量最輕的解決方案。麥克唐納・道格拉斯公司完全可以說，如果有了可靠的升力/巡航發動機（標準的F119），它的設計就有機會正式服役，它所採用的升力發動機僅比洛克希德・馬丁公司的升力風扇複雜一點點而已。但是它的設計有一個很大的缺點：海軍陸戰隊的後勤部隊絕不會接受一種飛機安裝兩種發動機的主意。1996年，麥克唐納・道格拉斯公司解密了一種無人駕駛的試驗機，名為X-36。很明顯，這是CALF設計的兄弟版，但是CALF有很小的垂尾和三角翼，而X-36採用了後掠翼，彎曲的機翼後緣，根本沒有垂直翼面，而採用偏離於中線的推力矢量進行控制。這種技術後來整合進了麥克唐納・道格拉斯公司最終的JAST設計之中。波音公司和洛克希德・馬丁公司曾討論過組隊的問題，但是雙方都不願意放棄自己的設計，所以二者各自與麥克唐納・道格拉斯團隊展開競爭。波音公司的JAST設計比最初的AVX-70要大一些，但是除了將垂直翼面的位置由翼尖移至機身後部之外，再無重大變化。

同樣是在1996年，JAST辦公室公佈了原型機設計方案的需求，最後期限定在6月初。很快，該計劃的名稱由JAST變成了「聯合攻擊戰鬥機」，反映了該計劃背後已經得到了作戰需要的支持。大多數人都認為洛克希德・馬丁公司和麥克唐納・道格拉斯公司將會獲勝。麥

上圖和下圖：2000年12月16日，洛克希德・馬丁公司的X-35C（艦載驗證機）進行了首飛，從帕姆代爾起飛，在愛德華空軍基地降落（這兩個地方都在加利福尼亞州），飛行了27分鐘。

本頁圖：航母艦載型（CV）具有較大的機翼和尾翼，主起落架經過強化，安裝了阻攔鉤等其他便於甲板操作的海軍特色。因此，空重增加至29841磅（13536千克），比常規起降（CTOL）型稍微重一點。儘管如此，該型仍然保留了70%～80%的通用性。

克唐納・道格拉斯團隊在STOVL和海軍艦載戰鬥機方面擁有豐富經驗，而團隊中的諾斯羅普・格魯曼公司還擁有隱身技術。而且波音公司製造的有人駕駛超音速飛機、噴氣戰鬥機和隱形飛機全部加起來數量也是0。但是不幸的是，麥克唐納・道格拉斯公司卻耗費了寶貴的幾個月時間去組織「夢之隊」——從英國到聖・路易斯，再到加利福尼亞州。洛克希德・馬丁公司的設計由於與F-22具有較緊密的聯繫，因此看起來像是低風險方案。麥克唐納・道格拉斯公司有點類似，而波音公司的設計方案則完全不同，無疑風險也較大。在之前的雙軌飛行驗證計劃中，最終的贏家體現了兩種模式——兩種截然不同的模式，一個是低風險，另一個則更具冒險性。有鑒於這種邏輯，1996年11月洛克希德・馬丁公司和波音公司入選下一階段的JSF計劃。麥克唐納・道格拉斯公司本就面臨著商用飛機業務枯竭的困境，現在又陷入了JSF競爭失敗的泥潭，因此與波音公司商談合併。麥克唐納・道格拉斯公司的戰鬥機資源，包括具有發明天長的鬼怪工廠，開始為波音公司效勞。

JSF計劃的第一階段是為期4年，以1997年初正式合同的簽署為開端，以選擇一個團隊進行工程和製造發展（EMD）為結束——計劃在2001年3月。該計劃有3根主線。在這個最直觀可見的階段，洛克希德・馬丁公司和波音公司各製造了兩架概念驗證機（CDA）。CDA有3個基本任務。第一個任務是證明設計的「起飛和飛走」性能特徵（隱身性能已經在模型測試中驗證）；第二個任務是驗證在航母上降落所需要的低速性能；第三個任務是證明STOVL概念切實可行。很明顯，STOVL測試是試飛中最關鍵和最具風險的部分。因此，兩個團隊都需要製造兩套STOVL硬件，而且要把CDA設計成具備改裝為STOVL飛機的餘地。

這兩種飛機被命名為X系列，按照阿拉伯序號，波音的JSF被稱為X-32（重啟了CALF計劃中的命名），洛克希德・馬丁公司的飛機被稱作X-35。JSF辦公室

下圖：在試飛中，X-35A採用了美國空軍標準的雙色灰塗裝。垂尾上的條紋也很別緻，左側是藍色，右側是紅色。

故意避免使用「YF」命名，是為了強調這些飛機不會「飛走」。這不意味著會從中選擇性能更好的CDA。如果一切都很理想，CDA將會證明兩家公司的JSF設計都能正常工作，五角大樓將會根據作戰效能和成本的平衡考慮，從中選出優勝者。兩個團隊的CDA都選擇了普拉特・惠特尼的F119發動機，這也是不得已的選擇，因為F119是唯一能夠在飛行中提供足夠動力的發動機，而不需要進行大幅修改。

JSF的第二個部分是由各種技術計劃和一些JAST中進行的前期工作。例如，聯合綜合子系統技術（J/IST）的驗證就植根於美國空軍對電傳飛控系統的研究。其他方面，包括很多航電設備的測試，在JAST早期就進行了，而當時已認識到成本起決定性作用。JSF定型的第三個主要部分是重複過程，因為客戶會完善性能需要，而承包商也會設計自己的優選武器系統概念（PWSC）。PWSC必須包括作戰型JSF的設計、生產和支援的細節方案，以及EMD計劃。

在以前的計劃中，客戶會設定需求，承包商需要盡量滿足，而成本只是這一過程的副產品。JSF改變了這一過程。成本可以也將會被獨立控制，承包商和客戶要根據成本來決定需要設計和製造什麼。一條最重要的原則就是，任何由需求變化造成的成本變化都需要進行評估。如果某一變化造成了成本的升高，就需要在別處將成本降下來。這一過程出現在了一系列聯合暫時需求文件（JIRD）中。第一階段聯合暫時需求文件（簡稱JIRD I）誕生於1995年，重點關注大小、速度和隱身性——這些因素決定了飛機的形狀。第二階段聯合暫時需求文件（簡稱JIRD II）發佈於1997年6月，尋求性能、

下圖：2000年11月22日，X-35A完成了洛克希德・馬丁公司的CTOL試飛，在30天中累計飛行27個起落。在11月21日的第25次試飛中，湯姆・摩根菲爾德駕駛飛機超越了音速。為了進行隨後幾個月的STOVL測試，這架飛機安裝了升力風扇，被重新命名為X-35B。

成本與後勤保障的妥協；而第三階段聯合暫時需求文件（簡稱JIRD III）公佈於1998年秋天，包括一系列內容，如便於後勤保障的隱身性能、惡劣天氣和夜戰性能，以及任務計劃能力。每個JIRD的公佈及每次研究工作發現了新的技術途徑，承包商都要修訂優選武器系統概念（PWSC）。最後，聯合使用需求文件（JORD）發佈於2000年初，並隨後於年內形成了設計方案EMD需求的基礎。波音公司和洛克希德·馬丁公司都於2001年2月初提交了設計方案。

計劃辦公室還採用戰役水平的仿真，來評估飛機的變化會如何影響軍事行動的結果。實際攻擊戰環境（VSWE）是一種聯合軍種仿真，在JIRD全程的平衡妥協中發揮了重要作用。很多關鍵的妥協都是利用了VSWE，包括美國空軍和海軍要求飛機具備攜帶2000磅炸彈的能力，而海軍陸戰隊不願意為自己不需要的性能而耗費資金。JSF是否以及如何攜帶機炮也用同樣的方式加以解決。但是，這些妥協並沒有動搖JSF計劃從一開始就確立的3個關鍵概念。第一個關鍵概念是基於由其他飛機來應對最嚴重的空中威脅的假設。美國空軍和海軍並不打算將JSF作為首選空對空戰鬥機，也不打算為這種性能耗費資金，更不打算用JSF來取代F-22或「超級大黃蜂」。儘管「F」代表著戰鬥機，但是最初的需求中70%是衝著空對地任務去的。例如，洛克希德·馬丁公司的X-35，與F-22相比，具有較低的推重比，但具備較高的翼載，在飛行中也不會使用矢量推力。因此，它的機動性稍差，加速較慢，具備有限的（如果有的話）「超音速巡航能力」。JSF標準的空對空導彈不是AIM-9X「響尾蛇」，而是AIM-120先進中距空對空導彈（AMRAAM）——這種導彈更適合自衛，而不是空中格鬥。在洛克希德·馬丁公司的基礎設計中，安裝導彈的位置甚至無法安裝AIM-9X，因為機身擋住了導引頭的很大一部分視野，儘管翼尖也可以作為AIM-9的候選安裝位置。第二個關鍵概念是一開始就強調的隱身性能，這項性能保證飛機以隱形飛機的身份去執行任務，一般只攜帶有限的武器載荷，當空中戰役持續進行、敵方防空力量已被打敗的時候，就需要攜帶較多的武器。採用這種方式，JSF就可以實現隱身，並利用相對足夠的武器攻擊預期數量的目標。兩家公司的設計都包括4個外掛點，以攜帶額外的燃料和武器。

第三個關鍵概念是五角大樓希望在JSF服役之時，將所有的非精確制導炸彈退役。屆時JSF最不精確的武器也是標準的波音GBU-31/32聯合直接攻擊彈藥（JDAM），精度在10米以內。當飛機服役時，低成本的導引頭，如直接攻擊彈藥導引頭（簡稱DAMASK，由美國海軍中國湖中心研製，以「凱迪拉克」安裝的紅外傳感器為基礎）也將投入使用。因此，JSF較小的武器載荷所能造成的破

上圖：洛克希德・馬丁公司的榮譽來自兩次X任務試飛，同時適合兩種典型作戰類型。以STOVL模式進行短距起飛，之後進行超音速飛行，最後進行垂直降落。

壞效果也相當於較大的非制導武器。

洛克希德・馬丁公司的設計方案飛行風險低，CDA決策作出後6個月，被擊敗的麥克唐納・道格拉斯團隊中的兩個夥伴——諾斯羅普・格魯曼公司（具有艦載機經驗）和英國宇航系統公司（擁有STOVL經驗）——加入了X-35計劃。儘管該計劃是由沃斯堡的洛克希德・馬丁公司戰術飛機系統部（LMTAS）負責，但是原型機卻是由帕姆代爾的臭鼬工廠負責製造。X-35A CTOL型飛機於2000年10月24日首飛。於11月底完成一系列試飛，回到帕姆代爾，並改裝為STOVL型X-35B。艦載型X-35C結構上識別的一大特徵是「相框」形結構，增加了機翼面積，尾翼也加大了。

很明顯，X-35是F-22的小兄弟。基本的氣動佈局相似，兩種飛機使用了相同的隱身技術——平面和切面的結合，機身周邊是尖銳的直面。兩種飛機主要的區別（除了大小和單發之外）在於X-35的新式「無分流板」進氣道，在內壁設置一個凸起，而不是分流板，以及軸對稱的尾噴口。進氣道設計是由美國空軍研發的，於1996年在一架F-16上進行了測試。凸起部分與後掠的進氣口相結合，造成局部壓力升高，使附面層的亂流向上和向下偏流，以避開進氣口。美國空軍和海軍的兩種型號的共同特點是低可探測性的軸對稱尾噴口和鋸齒形邊緣，這要比F-22的二元尾噴口更輕、更便宜。與F-22不同，X-35在起飛和飛

走過程中不使用矢量推力。JSF也沒有F-22的頰部導彈艙。相反，在龍骨左右兩側設置了彈艙，每個彈艙都有兩個艙門。每個彈艙的內側艙門內安裝一具AIM-120 AMRAAM導彈發射軌。外側艙門稍微凸起，可容納一枚2000磅炸彈。

上圖和下圖：在愛德華空軍基地的初步試飛之後，X-35C在馬里蘭州帕圖森特河海軍航空站（NAS）停留了幾個月，那裡的海平面環境更接近於在海軍服役後的作戰環境。特意設計的尾部圖案，顯示出JSF的前部機身輪廓。

機翼下有4個外掛點，內側掛載能力為5000磅，外側2500磅。

STOVL型外觀上的特點是背部稍微鼓起的凸起和較短的座艙，兩架X-35都有這一特點，因為X-35C需要在必要時改裝為STOVL型飛機。艾利森先進發展公司（AADC）研發的升力風扇位於座艙後方，風扇艙上下都有蚌殼式艙門，由一個復合驅動軸驅動，一個電腦控制的離合器將驅動軸與發動機的壓縮機相連，離合器也使用了與碳纖維減速板相同的複合材料。軸末端是一個齒輪，這個齒輪與一對環形齒輪咬合，兩個環形齒輪分別由兩個相向旋轉的風扇級推動。CDA有一個可收縮的D形尾噴口，通過噴氣的偏轉而實現從依靠機翼飛行到依靠噴氣發動機飛行的轉換和短距起飛，而生產型飛機則安裝了一列葉柵，重量更輕。在懸停時，升力風扇足以支持飛機一半的重量，提供18000磅的推力，使推進系統的質量流動增加一倍——推力增加44%。

上圖和下圖：X-35以「機輪放下」的方式飛過愛德華空軍基地上空，陪伴它的是洛克希德·馬丁公司的另一成功之作——第416試飛中隊（FLTS）的F-16B「戰隼」。F-16是世界上最成功的噴氣戰鬥機，生產了大約4000架。未來幾年，F-35 JSF完全可能打破這一紀錄。最後面是一架TAV-8B，目前唯一投入現役的垂直起降飛機（VTOL，英國稱之為「鷂」，美國稱之為AV-8）的海軍陸戰隊訓練型。

發動機風扇將空氣傳送至兩個翻滾控制進氣道，這兩個管道延伸至機翼折線處。主要的尾噴氣流流經的是一個「三軸承」尾噴口，是羅爾斯·羅伊斯公司設計的，參照了雅克-141尾噴口的設計路線。有3個傾斜式旋轉連接點，以解決尾噴口在相反方向偏轉的問題——從正後方到向前偏離垂直方向15°。STOVL的另一個便於區別的特點是主發動機的輔助進氣道，位於機身之上、升力風扇後側。這套STOVL系統有一些實用的特點。驅動軸可以將機身後方的推力轉移到機身前方，產生向下的作用力，實現懸停時的平衡。與「鷂」或者波音公司X-32的直接升力系統相比，該系統的另一大優點是俯仰和橫滾控制可以通過調節4個升力噴口的噴氣流量實現，而不是依賴專門的控制系統和發動機的尾噴氣流和動力。翻滾控制進氣道閥門的開啟與關閉實現翻滾控制。在俯仰軸上，通過調整主發動機的尾噴口和

升力風扇的進氣口方向舵，實現推力在發動機尾噴口和升力風扇之間的轉換，而推力和功率維持不變。兩種STOVL系統都有很多性能可靠的可動零件，以便飛機垂直降落後的快速修復。但是，洛克希德・馬丁公司採用了機械轉換系統，4個升力噴嘴（其中兩個在懸停時處於垂直狀態，實現飛機的控制）和兩個尺寸很大的輔助進氣道。所有的縫隙都有艙門覆蓋，這些艙門大多處於高熱、高噪音和高震動的環境中。所有的艙門必須實現完美的閉合，以免破壞飛機的隱身性能，因為一旦飛機的隱身性能被破壞，飛行員是無法自己發現問題的。2000年初洛克希德・馬丁公司的離合系統出現了問題，於夏季中期解決了問題，這是意料之外的。洛克希德・馬丁公司對控制系統進行了小規模的修改，以實現離合器的平穩結合。

隨著洛克希德・馬丁公司設計的改進，3種變型機的區別開始顯現。在最初的概念中，不同軍種的飛機外形上的區別主要體現在固定翼結構的邊緣上。海軍型具有較大的前緣和後緣襟翼、外翼和垂直穩定面，其機翼結構也有所不同。它的機翼比F-15還大，比CTOVL/STOVL型的機翼大34%。洛克希德・馬丁公司現在感覺到了因選擇帶尾翼的設計而招致的責難，因為設計師們本來可以為艦載型設計更大的機翼，而同時保持機身幾何形狀不變。但是對於三角翼（或者波音公司設計中採用的尖錐梯形），如果要增加翼展，必然導致翼根的加長和加厚，或者迫使設計師減小後掠角。而這將導致機翼升力特性的改變，甚至可能使其無法與機身重心匹配。

洛克希德・馬丁公司的決定也帶來了成本的提高。洛克希德・馬丁公司自己的數字顯示，STOVL型JSF的內油容量僅有13316磅（6040千克），而燃油係數僅為0.3，這一數字可不大樂觀。這對安裝低涵道比渦扇發動機的超音速戰鬥機來說，實在有點低了。大多數燃油係數在這一水平的戰鬥機在作戰時都要攜帶副油箱。從某種意義上說，這一點並不很重要，因為STOVL型的主要用戶——美國海軍陸戰隊，更在乎近地支援和戰場遮斷任務，低可探測性（LO）不是那麼重要。CTOVL和CV型由於將升力風扇換成了很大的內油箱，因此燃油係數也就比較大了。

為了降低CDA飛機的成本，兩家公司都從其他飛機上拆零件和系統使用，因此很多系統並不能反映計劃中PWSC的先進性能。例如，兩種飛機的座艙內安裝的都是較小的多功能顯示器，而不是計劃中的大型屏幕；用抬頭顯示器（HUD）代替計劃中的頭盔顯示器（HMD）。藝術般的「線傳動力」電子控制系統也沒有安裝，CDA採用的仍是傳統的液壓系統。沒有安裝雷達，航電系統也不能代表PWSC的水平。

除了多功能的機身，JSF計劃還為必要的系統提供了一系列的後勤支援系統

上圖和左圖：試飛中的F-35。

技術。普拉特·惠特尼公司和通用電氣公司設計了截然不同的發動機。波音公司的設計需要在戰鬥機後機身安裝較大的風扇、質量流和二元尾噴口，而洛克希德飛機發動機的風扇較小，但是要採用不同的尾噴口——CV型和CTOL型的隱身尾噴口，以及STOVL型的垂直尾噴口。

JSF發動機的可預測特性將加入控制系統，可以在發動機損毀甚至危及飛機前發現故障。這需要很多傳感器來監控發動機的壓力、溫度、震動和聲音，並對尾噴氣流中的金屬顆粒進行取樣。結合發動機的電腦建模和詳細的使用歷史，就能夠發現故障出現初期的信號。F-22的F119發動機之所以可能成為JSF的發動機，是因為它的可維護性。例如，在F119的設計中，日常維護時發動機的一些小件——加注孔蓋、閉鎖裝置、夾具等不能拆下。沒有採用保險絲鉗（防止線頭連接件轉動），而使用蜘蛛狀的彈簧夾完成同樣的工作。

自1996年以來，通用電氣公司一直在研製備選發動機——JSF120-FX，但是沒有透露多少信息。2000年8月，JSF120-FX核心機進行了測試，當時預計全尺寸原型發動機2003年完成並試車，並於同年開始EMD階段，2010年交貨，裝備JSF的第4批生產型。但是，這種新型發動機似乎沒有以F120（為F-22研製的發動機，但是被F119擊敗）為基礎，而是採用了與暢銷的CMF56商用發動機改進型相同的核心。

1998年，通用電氣公司與法國夥伴——法國國營航空發動機研究製造公司（SNECMA）宣佈，開始進行所謂的TECH56計劃，更新CFM56技術。這項計劃包括一個新的核心機（發動機的重要部分，包括壓縮機、燃燒室和高壓渦輪機），減少壓縮級和葉片的數量。通用電氣公司研製的發動機利用了部分曾

下圖：STOVL型飛機設計師面臨的最大挑戰是，要研製一種能在非常低的速度下仍能保持穩定性和機動性的平台，同時不破壞高速性能——但從根本上說，這又需要一種不穩定性。

經由通用電氣公司和艾利森先進發展公司（AADC）為五角大樓的高性能渦噴發動機計劃開發的技術。通用電氣公司同時還在研製一種不帶加力燃燒室的先進可變循環發動機，供以後的JSF改型使用。普拉特・惠特尼公司為JSF設計的發動機將只裝備最初生產的100架左右。此後，五角大樓對JSF發動機的購買將按年進行，供應商得到的訂單將根據年度競標而定。新增加的海外客戶也可以根據自己的需要選擇發動機。

兩款JSF和「鷂」最大的不同在於機身和推進系統採用了線傳控制系統，全部的發動機升力和推進系統都由電腦控制。這將使飛機更容易駕駛。洛克希德・馬丁公司和波音公司都採用了類似的控制方案。當飛機從依靠機翼飛行向依靠發動機飛行轉換時，節流閥和操縱桿功能也隨之變化。操縱桿控制縱向和橫向加速性，而節流閥控制垂直速度。這一轉換很大程度上是自動進行的，飛行員只需將頭盔顯示器（HMD）的指針設定在預定位置，飛機會自動做到這一點。毫無疑問，推進系統測試是非常詳盡的——以避免控制軟件出現問題而導致災難的潛在可能性。兩套推進系統都在普拉特・惠特尼公司西棕櫚灘的工廠進行集成，並由飛行員主導廣泛的測試——飛行系統仿真。

儘管JSF不會在武器載荷、速度、機動性和航程等方面創造新的紀錄，但是它的內部系統在很多方面非比尋常。結構、子系統和航電設備都可以說是新的發明。這些設備的通用性是為了節省經費，儘管聯合生產有助於降低成本，但是完成預期成本目標的戰鬥的成敗仍然取決於細節。最大的挑戰之一是實現低成本的隱身性能。儘管由於國家和商業競爭的保密需要，相關細節不能透露，可以推測，JSF遵循了F-22設計師們所採用的方法——他們在早期設計中也在盡力降低隱身性能所帶來的高昂維護成本。機身蒙皮的縫隙和開口是隱身性能的維護過程中造成成本上升的主要因素。除非縫隙被很好地密封住，否則它將擾亂機身蒙皮上的電磁流動，造成不期望的和不可預測的雷達反射。儘管有很多方法可以使機身蒙皮損傷的測試和修復變得更便宜，不過使隱身性能更為廉價的關鍵方法是使機身的開口和縫隙數量最少。JSF航電系統的一大特點是共享電子和光學傳感器。在無線電頻率（RF）波段方面，JSF的天線總數剛超過20，而F-22的天線數量幾乎達到了60，覆蓋了通信、導航和識別功能（包括主動和被動偵察）。通用的紅外傳感器具備瞄準、導航和告警功能——這樣就減少了40個專門設計和安裝的天線設備。通過大型集成零件的使用來減少機身蒙皮上的開口和閉鎖裝置，JSF還最大限度地利用武器艙和起落架艙的艙門，為需要頻繁維護的系統提供檢修窗口。

在檢修窗口方面，隱身功能設計師有兩種選擇。第一種是傳統的檢修窗口，具有重量輕、價格低的特點，但是在每次開啟後都需要重新用膠帶、填料和油灰進行密封。工程師將此稱之為「打破低可探測性（LO）中出現的氣泡」。檢查窗口復位後，密封部分也需要重新進行檢測，以確保飛機的隱身性能未被破壞。另一種是頻繁檢修窗口，便於開啟和關閉。但是這種結構剛性太強，並需要安裝安全的閉塞系統和特製的墊圈，以保證檢修窗口在關閉後不會引起機身表面出現物理或電磁的不連續性。與F-22一樣，JSF所採用的低可探測性材料也比F-117要少——因為F-117的首要目標就是低可探測性，設計師需要在特定的位置選擇最合適的材料。

JSF的低可探測性研究在EMD階段前就要開始，通過製造空前詳盡和逼真的模型進行模擬。這一階段包括在能夠收集和分析複雜RCS信息的精密設施中進行測試、製造小型部件的詳盡模型，以及對不同雷達吸波材料（RAM）造成RCS降低的準確評估。洛克希德·馬丁公司旨在實現能夠承受損傷的低可探測性系統，並測試其戰備性能和單次出擊後的可修復性。部分材料可能採取貼紙的形式，而非塗料。洛克希德·馬丁公司和3M公司從90年代中期就開始研發這一技術了。膠帶式的聚合物——可以用塗料噴漆，也可以經過IR或RAM處理——提前進行剪裁以適合飛機的尺寸，並可以方便地移除和替換。

上圖：JSF擁有隱身性能、精確轟炸能力、較大的武器艙、自衛導彈、先進的傳感器和數據鏈，因此是一種高效的攻擊機。儘管JSF是作為一種多功能戰機而設計的，但重點是空對地攻擊能力。

JSF內部也經歷了重大的變化，這種技術間接來自於80年代的星球大戰計劃——當時發現了用輕型、固態裝置實現電力的轉換和控制的新方法。現在這種技術已經使用，可以用電力取代液壓系統。與液壓線路相比，電線更易於維護，抗戰損能力也更強。洛克希德·馬丁公司領導了機載電子技術的驗證，將勞苦功高的先進戰鬥機技術綜合（AFTI）F-16加以改裝，這架原型機成為第一架完全依靠電來提供信號和動力而沒有機械備份的戰鬥機。這些測試完成於2001年初。

洛克希德·馬丁公司所領導的團隊中的成員有霍尼韋爾公司、諾斯羅普·格魯曼公司、漢密爾頓·勝德斯特蘭公司和普拉特·惠特尼公司，成功驗證了熱/能管理模塊（T/EMM）——聯合綜合子系統技術（J/IST）的核心。霍尼韋爾公司的T/EMM是一種綜合的渦輪機系統，安裝於主軸之上，能夠提供輔助和應急電力、為座艙和航電設備的加壓和冷卻提供空氣。該系統的一大特點是有3種工作模式。當起動飛機或為飛機在地面的移動提供動力時，該系統作為燃氣輪機輔助動力裝置（APU）使用，利用外界空氣。在飛行中，T/EMM由流經發動機的空氣驅動，從而提供電力和冷卻空氣。當發動機突然起火或熄火時，T/EMM由機載存儲器中所存儲的壓縮空氣驅動，在飛行員將飛機拉起和重新啟動發動機之前為飛機控制提供必要的動力。T/EMM用一個單一的系統取代了空調系統、輔助發電機、APU和緊急電力單元（在F-16上，最後一個系統採用的是聯氨，給後勤上帶來了很大的麻煩）。

T/EMM和其他更電氣化的系統具有簡化推進系統的潛力。現代化的戰機發動機都有一個「塔軸」，用以連接發動機軸和機身上的附件傳動裝置——包括齒輪、離合器和定速傳動裝置，而這些傳動裝置用於驅動液壓泵、發電機和環境控制系統（ECS）的壓縮機。JSF的所有系統中唯一採用機械方式與發動機進行連接的就只有起動發電機了。

JSF採用了全新的結構技術，既可以減輕重量，又可以降低成本——這與早期的先進複合材料有著根本性的區別。複合材料雖然能減輕重量，但是成本卻太過高昂。洛克希德·馬丁公司採用纖維鋪放技術製造進氣道，用碳纖維帶製造精密零件——圍繞心軸轉動，同時用機械手注入環氧樹脂基體材料。以前由多個片狀金屬結構和不計其數的扣件組成的零件，現在也採用高速機械進行加工了。

但是，用於製造飛機的工具和材料只是整場成本戰爭的一半。飛機每一個零件的製造、集成成本也要計算在內，設計也包含其中。洛克希德·馬丁公司與IBM公司、達索公司進行了合作，將達索公司的CATIA電腦輔助設計系統擴展成為虛擬開發環境，目標是實現100%的數字式原型。當設計師設計出一個零件時，零件的製造、集成和支持都可以在電腦上進行模擬，而實際製造之前，便可知曉設計方案的效果。通過對所有效果的仿真，可以計算出設計方案在整個生命週期內對成本的影響。先進的電腦輔助設計（CAD）技術是在同一生產線上製造出3架不同型號的JSF的關鍵。設計師面對的兩難境地是不同的型號承受的結構載荷是不同的。一方面，如果機身是相同的，所有的零件又足以承受最重型號所承受的載荷，那麼其他型號就會過重。另一方面，如果機體不相同，那麼通用性的優點也就消失了。

至2001年8月中旬，所有的測試數據和最終的決定權交給了計劃辦公室。在這場「贏家通吃」的競賽中，計劃辦公室於同年10月26日作出了哪個承包商攜帶其設計進入EMD階段的決定，花落洛克

希德・馬丁公司。在這次所謂的「向下選擇」中，有幾個因素是根本——成本、可維護性、生產方案、開發潛力和全壽命保障性，它們與飛行特性同等重要。或輸或贏，兩家公司在這次競爭中所取得的成就都是非凡的。現在，超音速的STOVL成為現實，這項計劃也使得以後的作戰飛機計劃開始關注在不犧牲性能的前提下，盡量降低成本。一些重要技術，如更簡易的複合材料、集成電力子系統和以商業化為基礎的航電設備逐漸成熟，JSF計劃加快了這一進程。也就是說，JSF計劃仍然行駛於正軌是必須的。

美國空軍要求自己型號的JSF航程不低於590海里（1093千米；679英里），期望JSF航程能夠達到690海里（1278千米；794英里）；而美國海軍陸戰隊所要求的航程相對要短一點。但是，美國海軍卻要求自己型號的JSF航程等於或大於美國空軍型的JSF，最大平飛速度至少要達到1.5馬赫，機動性至少要與現役飛機持平。美國海軍最初是對隱身性能要求最迫切的用戶，因為JSF是其唯一的隱形

左圖：試飛員們對X-35在飛行包線內「不用操心」的操縱品質和易於駕駛的性能有著深刻的印象。美國海軍陸戰隊和海軍特別關心X-35的艦上操縱性能，因為艦上操縱要求嚴苛，不比空中加油容易多少。儘管洛克希德・馬丁公司的驗證機升空時間比波音公司驗證機的首飛時間晚了近一個月，但洛克希德・馬丁團隊卻制訂了難以置信的高強度試飛計劃，在出奇之短的時間內驗證了X-35的性能。

飛機，需要在最少的支援下穿透猛烈的防空火力網。相比之下，美國空軍還可以指望B-2、F-117和攻擊型F-22執行這一任務。但是隨著計劃的進行，美國空軍和美國海軍的要求逐漸趨於一致；而美國海軍陸戰隊的基本需要是可以攜帶更多的武器進行近距空中支援（CAS），隱身性能倒是其次。但是，設計的基本特點決定了其隱身性能——例如外形和內置彈艙——這是飛機基本結構的內在特點，所有型號都不例外。

按照原定計劃，當2005年年中第一架EMD飛機首飛時，五角大樓將為其命名。而一旦飛機的服役時間滯後，美國海軍陸戰隊將無戰鬥機可用，而美國空軍的戰鬥機機群也將縮小。因此，在EMD階段開始前，所有的技術風險都必須可控。JSF在成本和性能之間開闢了一條新路，尤其是航電設備和LO系統成本的大幅降低。但是與以前的軍用飛機不同，JSF無法在造價達到原定價格兩倍的情況下達到預期目標，因而也稱不上是一架成功的戰機。

試飛

在所有競爭者中，波音公司第一個進行試飛——2000年9月18日，波音公司的首席試飛員駕駛飛機從帕姆代爾起飛，太平洋標準時間7：53機輪首次離地。第二次飛行是在5天以後，在它第三次試飛的當日，其競爭對手X-35A進行了首飛。在起步階段比波音公司晚了整整一個月，洛克希德・馬丁團隊只得通過安排緊張的試飛時間表來彌補——進度令人難以置信，在最後階段甚至出現了在1天之內進行6次試飛的情況，在CV/CTOL階段進行了110次試飛。洛克希德・馬丁公司聲稱，創造了多項新飛機的試飛紀錄。

最初進行的是一系列發動機測試，在測試中飛機要由鋼纜加以固定。在此測試之後，2000年10月13日，首席試飛員湯姆・摩根菲爾德開始駕駛X-35A（CTOL型）進行滑跑測試。通常滑跑測試要進行數周甚至數月，但是X-35A的測試至10月21日便完成了。更不可思議的是，10月24日，僅僅在滑跑測試開始後的第11天，湯姆・摩根菲爾德便駕駛X-35A駛向帕姆代爾的跑道盡頭，開始了X-35A的首飛。時間是太平洋標準時間9：06。大約在空中飛行30分鐘後，飛機降落在加利福尼亞州愛德華空軍基地——美國空軍試飛中心所在地及JSF初步測試的地方。但是這次飛行遠不止是一次轉場飛行。在這次起落中完成了多項測試，飛機在10000英尺的高度以250節的速度完成了多次八字形路線的飛行，以檢驗基本的操縱性能。

摩根菲爾德是洛克希德臭鼬工廠的老試飛員了，曾經也是F-117和YF-22試飛團隊的成員。X-35A的隨後3次試飛也是由他完成的，包括飛行包線和基本系統的測試——美國空軍中校保羅・史密

上圖：有人戲稱STOVL是「會飛的艙門堆積品」。機身前段的脊背艙門是升力風扇的進氣道，發動機的輔助進氣道則被機尾遮住了。

斯也參與了這項工作，他於11月3日駕機升空。除了基本的操縱性能和系統測試之外，推進系統的測試也是早期試飛中的重要方面，節流閥的運轉和加力燃燒室的點火是家常便飯。同時，飛行包線也擴展了，達到速度0.85馬赫、高度25000英尺。

操縱、控制和基本性能的測試結束後，編隊飛行也就開始了，這是為了進一步檢驗設備功能和精確操縱性能。帶著對操縱性能的自信，史密斯在第10次試飛中完成了多次空中加油，這次飛行累計2小時50分鐘。摩根菲爾德對X-35A空中加油時的表現印象深刻，他說這是他所經歷過的最容易的空中加油。他指出X-35A在加油時非常平穩。空中加油（使用的是第412試飛聯隊試飛專用的NKC-135加油機）、飛行包線擴展、進一步的操縱測試和系統測試也在隨後的試飛中進行了，因此到11月14日為止，所有用於驗證CTOL型JSF所需的測試節點都完成了。這一切都在14個多小時的時間內完成了——22天內完成了16次試飛。在此期間，美國海軍陸戰隊第一位駕駛X-35A的飛行員——阿特・托馬賽提少校駕駛X-35A參加了美國海軍陸戰隊建立225週年的慶典。

隨著主要目標的實現，10次更進一步的試飛列入了時間表，以擴展飛行包線和執行降低技術風險的計劃。完成了下圖：儘管F-35是一種單發戰鬥機，但是與它的「姐姐」——雙發的F-22不同，它的主要設計目標是對地攻擊。從「猛禽」計劃那裡學到的雷達對抗經驗，很明顯影響到了JSF的外觀。由於JSF不是一種飛行速度很快的噴氣式飛機，因此在執行對地攻擊任務時隱身性能就顯得非常重要了。

更多次的空中加油，飛機的飛行高度也增加到了34000英尺。最大攻角達到了20°，在機動中X-35A機身承受住了5g的加速度。11月18日是「英國日」。兩名英國飛行員——英國皇家空軍中隊長賈斯汀・佩因斯少校、英國宇航系統公司西蒙・哈格裡夫斯於當日首次駕駛X-35A升空。為這一成功的計劃錦上添花的是，摩根菲爾德於11月21日駕駛X-35A飛行速度達到了1.05馬赫，驗證了超音速飛行時的操縱性，並在隨後的試飛中進行了陸上模擬著艦練習（FCLP），以便為X-35C的測試項目作準備。當這些目標也達成後，摩根菲爾德於11月22日駕駛X-35A飛回帕姆代爾，這是它的第27次試飛，也是採用CTOL佈局的X-35A最後一次試飛。

回到帕姆代爾後，這架飛機被送回臭鼬工廠，工程師們開始為STOVL的測試作準備，加裝升力風扇和矢量噴嘴。這一步驟是在12月28—29日進行的，之後這架飛機被重新命名為X-35B。2001年2月22日，飛機被重新拉到戶外，開始對STOVL推進系統進行懸停坑測試。3月10日，X-35B開始進行全矢量動力滑跑。

在近三周的時間內沒有一架飛機升空後，洛克希德・馬丁公司於2000年12月16日重新加入試飛行列，太平洋標準時間9：23，X-35C計劃的試飛員喬・斯威尼駕駛CV驗證機從帕姆代爾起飛昇空。大約半小時後，飛機在愛德華空軍基地降落，開啟了CV測試階段。在成為經驗豐富的試飛員之前，斯威尼是美國海軍A-7飛行員。離開美國海軍之後，他加入了通用動力公司，進行過多次F-16的試飛項目。如果A-12隱性攻擊機計劃一切正常的話，斯威尼將是首飛的首選飛行員。

3天後X-35C再次試飛，斯威尼再次掌舵。在這次試飛中，他多次進行了模擬進場著陸，為隨後的FCLP作準備。在愛德華空軍基地進行的早期試飛是為其正式在航母上進場著陸之前，驗證飛機的操縱性能和系統。早期試飛不只是由斯威尼一人進行的，還有美國海軍少校布萊恩・格茲科維茨。X-35的FCLP開始於2001年1月3日，與波音團隊一樣，X-35C團隊也在愛德華空軍基地跑道邊上架起了菲涅耳透鏡系統。隨後的許多任務也是在那裡以FCLP的形式進行。1月23日，另外兩名試飛員首次駕駛海軍型X-35進行了飛行：湯姆・摩根菲爾德和保羅・史密斯，他們執行過大量X-35A試飛任務。在他們的試飛中，驗證了X-35C與KC-10加油機的兼容性。一周以後，來自美國海軍陸戰隊的托馬賽提也駕機飛行，兩天之後他駕機進行了當時X-35為時最長的一次飛行。飛行時間達3小時，橫貫整個國家，為即將飛往馬里蘭州帕塔森河海軍航空站（NAS）作準備，在那裡X-35將進行模擬航母著陸。2月2日，皇家空軍賈斯汀・佩因斯少校駕機飛行了1小時30分鐘。

愛德華空軍基地海拔2000英尺，並

左圖和下圖：在懸停時，「三軸承」主發動機噴嘴可以向下偏轉——角度可以從水平方向偏轉至豎直向下。推力角度和前部升力風扇角度的輕微變化，使飛機在懸停時也可以向前或向後機動，風扇和噴嘴的差額變化實現飛機的俯仰控制。

不是進行艦載機評估的理想場所。而帕塔森河是美國海軍試飛部門的所在地，而且海拔接近於海平面。在為期兩天的轉場飛行中，飛機從愛德華空軍基地起飛，夜間降落在洛克希德・馬丁公司的沃斯堡工廠。這是第一架橫貫整個美洲大陸飛行的「X飛機」，完成得非常順利。而且在飛機到達目的地之後，測試工作進行了一天，系統仍然運轉正常。但是之後的試飛卻因天氣惡劣而受阻，之後又受到加油機不足的困擾。不過，在X-35C在帕塔森度過的一個月中，它完成了33次飛行，又「認識」了兩名試飛員，其中包括格雷格・芬頓中校，他於3月1日完成了X-35C的第100次FCLP。在繁忙的最後一個星期中，FCLP總數達到了250次，飛機每天要進行6次飛行。

儘管仍在進行飛行包線的擴展工作，但是航母艦載適應能力才是帕塔森河的測試項目的重中之重，在FCLP進場過程中由美國海軍的著艦指揮官（LSO）負責控制和監控。有時甚至要故意讓飛機飛出標準進場規範，以檢驗飛機在校正控制輸入下的表現。重要的是，X-35C證明了自己能夠在美國海軍規

下圖：當波音公司的X-32和洛克希德・馬丁公司的X-35在帕姆代爾完成首飛後，愛德華空軍基地是它們要去的第一個地方。最初的試飛任務要在該基地進行——這裡是美國空軍試飛中心（AFFTC）和第412試飛聯隊的所在地。

上圖：2000年11月7日，在X-35的第10次試飛中，美國空軍中校保羅・史密斯完成了該機第一次空中加油的空中對接，加油機是第412試飛聯隊所屬的試飛專用的NKC-135E。在23000英尺（7010米）的高度一共進行了4次對接。這代表著CTOL型的早期飛行包線擴展計劃完成了重要的一步。2000年11月22日，在飛機的第27次試飛中，整個飛行包線擴展計劃完成。

定的進場速度限制範圍內，實現進場的完全控制。飛機良好的飛行品質給飛行員和LSO都留下了深刻的印象，尤其是精度、平穩性和控制輸入的可預測性。斯威尼強調說，他在這個地球上從未飛過如此精確、給飛行員帶來的負擔如此之輕的飛機——即便「明天就駕機著艦」，他也會毫不猶豫。3月11日，洛克希德・馬丁公司的X-35C完成了它在帕塔森河的全部測試項目，也為聯合攻擊戰鬥機試飛計劃中的CTOL/CV部分畫上了完美的句號。

無論是對洛克希德・馬丁公司還是波音公司的CTOL和CV原型機來說，從技術上來說，它們的重要性只算得上是中等。最為關鍵的測試時刻，是兩家公司驗證自己設計的短距起飛和垂直降落（STOVL）特性。在過去40年的設計和驗證中，沒有任何一家公司此前展示過實用的超音速STOVL戰鬥機。最近的一次嘗試是雅剋夫列夫設計局的雅克-141驗證機，這架驗證機所採用的STOVL系統類似於JSF計劃於1996年放棄的方案。

在STOVL試飛開始之前，波音公司和洛克希德・馬丁公司的STOVL驗證機（波音公司的X-32B和洛克希德・馬丁公司的X-35B）都在垂直飛行模式下進行了全推力運轉，但是這只是在懸停坑測試時飛機被完全固定住的情況下進行的。試飛需要驗證垂直飛行時的安全性和可預測性，以及從依靠機翼飛行到依靠噴氣發動機飛行之間的轉換能力。任何人都不能忽視兩個團隊所面臨的任務的艱巨性。儘管美國及其英國盟友在「鷂」系列飛機上獲得了很多STOVL方面的經驗，但是JSF計劃的競爭者們仍需在很多技術領域內開疆拓土。此外，STOVL性能的實現與CTOL/CV型的超音速性能沒有必然聯繫。

STOVL測試帶來了額外的風險。在傳統的試飛中，速度和高度都是逐漸增加的，而飛行包線的擴展也都是在高空進行的。STOVL測試則與傳統的試飛不同，測試項目中包括減速——直至失去空氣動力的控制權——高度也降低了。飛機越飛越慢，越飛越低，飛機此時進入的飛行狀態是，氣動環境受到周圍空氣與噴氣尾流相互作用的影響——飛機每秒鐘產生400～600磅（180～300千克）經過加熱和具有能量的尾流。在這個難以捉摸的領域，電腦預測也無從談起。而且，「鷂」的使用經驗表明，一旦在低空失去控制，由於飛機高度過低，安全彈射也是不可能的。在100英尺（30米）的高度進行噴氣飛行，飛行員花費較長時間等待異常情況自行消失，這是極不明智的。

有意思的是，在1996年以前，3家參與JSF計劃競標的公司在各自的STOVL飛機上採用了3種不同的推進概念。如前面所說，波音公司採用了直接升力概念，其可行性在「鷂」系列飛機上得到了證明，而遭到淘汰的諾斯羅普/麥克唐納・道格拉斯公司的設計採用了雅克-38和VAK191所使用的增升起飛/巡航（LPLC）概念。洛克希德・馬丁公司則採用了完全不同的思路，一種直到那時從未採用過的思路——升力風扇。這與波音公司的直接升力概念相比，有兩個主要優點。首先，它大大提高了發動機的推力恢復能力，其次，它避免了高熱尾流再次進入發動機所會造成的問題。波音公司的兩架X-32都是在加利福尼亞州帕姆代爾的原羅克韋爾公司的工廠製造的，2001年3月29日，也正是在這個機場，丹尼斯・O. 多納休駕駛X-32B進行了首次傳統的滑跑起飛。50分鐘後，他降落在愛德華空軍基地，隨後在那裡進行了幾次試飛。4月16日，飛機首次完成了從傳統模式到STOVL模式的轉換，之後又轉換回傳統模式，儘管這一切都是在高空進行的。而此時洛克希德・馬丁公司正在小心翼翼地進行首飛。與波音公司所採用的先飛行後懸停的方式不同，洛克希德・馬丁公司採用了在試飛開始階段就進行垂直起飛的方式。

如前面所提到的，試飛首先要進行懸停坑測試，懸停坑由金屬格柵組成，下面是一個氣室。氣室負責將尾流排出，並將進入風扇的空氣加以冷卻，使飛機可以在不離開地面的情況下模擬懸停狀態。懸停坑的排氣口可以開啟或關閉，以模擬有或者沒有地面效應時的懸停。X-35B在最初測試時採用專門的起落架固定裝置固定在格柵上，不但可以固定住飛機，還可以測量出升力。

之後的懸停坑測試就不再對機輪採取限制措施了，取而代之的是重量限制措施。7月進行了第一次全懸停測試。參與此次測試的是英國宇航系統公司的西蒙・哈格裡夫斯。在進行過多次這種飛行之後，X-35B採用傳統起飛方式飛往愛德華空軍基地，在那裡進行剩餘的試飛計劃。需要指出的是，愛德華空軍基地和帕姆代爾都位於加利福尼亞沙漠地區，海拔大約2500英尺（760米），一些測試是在氣溫達到華氏96度的情況下進行的。即便是在既高又熱的條件下，X-35B也可以在節流閥不用全開的情況下輕鬆懸停。此外，X-35B還在總重量達到34000磅（15422千克）的情況下成功進行了懸停降落，這幾乎是AV-8B等

下圖：儘管STOVL系統極為複雜，而且是在外界溫度很高的條件下進行試飛，X-35B在此期間仍有著完美的表現，而且能夠為垂直起飛提供足夠的推力。炎熱的沙漠氣候和稀薄的空氣是愛德華空軍基地的一大特點，這使得兩種驗證機要在比以後可能面臨的艦載操作環境更為惡劣的試飛條件下，證明自己的「垂直」起降能力。

STOVL型機重量的兩倍。

儘管懸停和依靠機翼飛行已經實現，但是更大的考驗是在7月9日——首次在空中完成了從STOVL模式到CTOL模式的轉換。隨後在7月16日，哈格裡夫斯駕機完成了從依靠機翼飛行到垂直降落的試飛，3天以後英國皇家空軍佩因斯少校重複進行了這一試飛。

7月20日，洛克希德・馬丁團隊完成了主要目標——「X任務」。試飛驗證了該型飛機的一般使用方式——以STOVL模式開始，進行短距起飛；之後轉換至CTOL模式，進行超音速飛行；再轉換至STOVL模式，進行垂直降落。托馬賽提進行了這一試飛。另一項「X任務」是7月26日由哈格裡夫斯完成的，在上一「X任務」的基礎上加入了空中加油的環節。7月30日，X-35B完成了試飛計劃，所有的目標都達到了。

航電設備

航電設備的費用佔據飛機總成本的三分之一，因此JSF的成本目標必然要求承包商尋找降低電子系統成本的方法。泛而言之，JSF的目標既要具備F-22的性能，同時要加入對地攻擊能力，還要降低重量和成本。與F-22一樣，JSF也擁有一個中央系統，任務管理和信號處理等大多數航電功能都是以綜合核心處理器（ICP）和強勁的電腦組為中心。與F-22的ICP一樣，JSF的ICP也相當於一個便於電力、冷卻和數據連接等嵌入式模塊快速更換的底板。

兩者的主要區別在於強調開放式架構（OSA）和使用商業標準。JSF的ICP設計目標是保證模塊可以使用市場上買得到的處理器，以便於JSF的製造和升級。與專門定制的芯片相比，商業芯片價格更為便宜，性能也更好，而且專門開發一種芯片的話，JSF計劃恐怕要拖到2008年。因此，開放式架構將改變系統設計和部件採購的方式，及其在服役期間的維護和升級。開放式架構的概念類似於基於Windows系統的電腦——硬件和軟件參數都不是保密的，任何滿足系統參數的子系統都可以安裝使用。這就給予了航電設備開發商們很大的發揮空間，為JSF系統增添新的功能，或者為現有的部件開發新的和更好的代替品。實際上，開放式架構的一個主要目標是使系統更容易引入新的電腦技術，以降低JSF在開始服役以前其航電系統便已經落伍的風險。

與F-22一樣，JSF的傳感器也如同ICP的外圍設備。在將數據傳輸至顯示板之前，ICP會將傳感器獲取的信息、外接數據與數據庫的信息加以融合。JSF的傳感器與處理設備套件便是這一新技術的例證。雷聲公司負責了波音公司概念驗證機（CDA）上的該項技術，該公司曾於2000年中透露了一部分有關JSF航電設備的信息，其中包括此前未曾透露過的JSF計劃與F/A-18E/F「超級大黃蜂」計劃的關係。

雷聲公司在加利福尼亞州埃爾・塞貢多的工廠裡製造出了多功能綜合射頻系統（MIRFS）——前視有源電子掃瞄陣列（AESA）雷達。雷聲公司還與英國宇航系統公司（原洛克希德・桑德斯公司）合作，為波音公司的CDA研製電子戰系統，並與波音公司、哈里斯公司一起研製ICP。雷聲公司還是IR系統的兩個部件——分佈式紅外傳感器（DIRS）和瞄準前視紅外系統（TFLIR）的供貨商。

上圖和下圖：JSF擁有一個以被稱作綜合核心處理器（ICP）的強勁的電腦組為中心的中央航電系統。它負責大部分的任務管理和信號處理等大多數航電功能，可能會以「插入並使用」模塊的形式，擁有內置冗余度，減輕維護的壓力。

MIRFS可用於探測和干擾敵方雷達，這等於將電子戰（EW）系統和雷達系統的界限打破了。據說該系統的重量只有

採用1995年技術製造的AESA重量的四分之一，採用了先進的傳輸/接收模塊，可以覆蓋四個雷達信道。該系統提供的雷達模式還有合成孔徑雷達（SAR）和地面移動目標指示（GMTI），它還可以作為敏感的被動接收器和強勁的干擾器使用。

DIRS有6個固定式凝視焦平面陣列（FPA）傳感器，每一個傳感器的視野範圍都是60°×60°，分佈安裝於機身的平面艙門之後，能夠覆蓋整個立體球形視野。DIRS具備3項同步功能。它能夠為飛行員的頭盔顯示器提供全景圖像，甚至能夠實現「看穿地板」的視野——這在垂直降落時非常有用。它可以用做導彈告警系統（WMS），能夠探測到導彈噴出的尾流；還可以作為紅外搜索與跟蹤（IRST）系統使用，能夠探測和跟蹤飛機等紅外特徵明顯的目標。

TFLIR則是一種遠程、高性能的中波紅外凝視陣列，並配有激光瞄準指示器。它安裝於機腹的可收縮式轉塔中，可以通過機械操縱的方式在整個下半球範圍內活動，因此它可以轉向機身後部，進行炸彈毀傷效果評估。負責管理傳感器、CNI和顯示功能的內部干擾對抗系統（ICS），也是基於商業化的電腦芯片，而且能夠使用商業化的軟件架構。

雷聲公司指出，他們可以改變研發航電系統的方式，以規避EMD階段結束以前系統便已經落伍的風險。該公司的發言人將這種新方式描述為「從EMD發展而來的退耦技術」。雷聲公司旨在建立一種持續流動的技術研發體系。當客戶需要新的或改進的產品時，就可以迅速利用最新的、成熟的技術加以研發。當這一技術流中出現新技術時，就可以迅速將其用於改進產品。同樣，這一方式的關鍵在於開放式架構和兼容性，這樣新技術，如新的AESA模塊就可以應用於整個JSF家族的雷達系統了——不管是新的還是翻新的。這一全新的「家族」概念最先是由波音公司在JSF和F/A-18E/F計劃中提出的。JSF的雷達和F/A-18E/F的AESA雷達（2005—2006年交貨並安裝使用）除了陣列尺寸不同之外，其餘基本相同——相同的傳輸/接收（T/R）和處理器模塊。波音公司的JSF上所安裝的TFLIR是為「超級大黃蜂」研發的先進瞄準前視紅外系統（ATFLIR）硬件的重新包裝版本。EW接收器硬件經過重新設計，以便整合進「超級大黃蜂」的ALR-73（V）3雷達告警接收器（RWR）。

諾斯羅普·格魯曼公司則為洛克希德·馬丁公司的JSF提供MIRFS和光電（EO）傳感器，自從1998年末以來該公司一直在對其MIRFS驗證機進行試飛——以證明較為簡易的、可以自動化組裝的T/R模塊技術。洛克希德·馬丁公司的JSF所使用的AESA和EO套件很有可能類似於諾斯羅普·格魯曼公司為F-16 Block 60研發的綜合AESA和紅外系統，如同雷聲公司為波音公司的JSF研發的系統應用於「超級大黃蜂」一樣。洛克希

上圖：儘管使用了一部分為F-22研發的前沿尖端系統，但JSF仍在很多方面顯現出了下一代航電系統的特點——特別是強調開放式架構和使用商業部件，可以降低落伍的風險。

德・馬丁公司選擇利頓先進系統公司與英國宇航系統公司組隊，為其JSF研製被動電子戰系統。利頓的雷達告警（RW）系統使用的是長基線干涉處理技術，據說性能可以與EA-6B「咆哮者」的增加能力III（ICAP-III）相媲美——而尺寸、重量和成本僅是其一半。與現役戰鬥機不同，JSF能夠識別無線電信號發射器，迅速準確定位，並發射GPS制導武器摧毀它們，或者將它們的位置傳輸給其他武器系統。從一開始，JSF計劃就在為JSF戰機尋求一種多功能AESA，而重量和成本僅為F-22雷達的一小部分。據五角大樓國防科學委員會說，這一目標可以實現。

洛克希德・馬丁公司的JSF將使用大尺寸平板顯示器和雙目全綵頭盔顯示器。望遠鏡式全綵頭盔顯示器可以為飛行員提供全景夜視視野——即使「看穿地板」的功能也可通過分佈式紅外系統實現。即便是在受到光線干擾的環境中，它也能夠保證飛行員在座艙「漆黑一片」的條件下飛行。洛克希德・馬丁公司正在與視覺系統國際公司合作研發這一技術。

波音公司是圍繞著結實耐用的商務現貨供應（COTS）液晶直觀式顯示器來設計其座艙顯示器的，而洛克希德・馬丁公司則與羅克韋爾・柯林斯公司（原凱撒電子公司）一起設計了8英吋×20英吋（20厘米×50厘米）的投影顯示器。這種顯示器採用了與現有的商業液晶顯示器（LCD）投影儀相同的技術，圖像生成於一塊很小的反射型LCD上，僅由一個芯片產生，而不是產生於屏幕本身。光源照亮了LCD，所顯示的圖像投影到前方的屏幕上。投影顯示器可以製造成各種造型和尺寸，使用通用的「光學發動機」，技術升級——如採用更好的LCD——也可以應用於廣泛的產品之中。

洛克希德・馬丁公司/羅克韋爾・柯林斯公司製造的顯示器原型，加上JSF所採用的雙目全綵頭盔顯示器，恰恰是將麥克唐納・道格拉斯公司的座艙設計專家吉恩・阿達姆於20世紀80年代初所提出的「大圖片」概念變為現實。基於自己的觀點，阿達姆於80年代中期預測，高清晰度的電視（TV）將會帶動大型平板顯示器的發展，並最終使其整合進戰鬥機的座艙之中。

下圖：X-35B的垂尾上頗有個性的「帽子戲法」標誌，3張撲克牌代表著3次成功實現目標——X-35A、X-35B和X-35C。洛克希德・馬丁公司在試飛中也使用了「帽子戲法」。波音公司為其STOVL試飛計劃選定的方案是「先停止，再著陸」，而洛克希德・馬丁公司則為自己的X-35B選擇了截然相反的方案——「先升空，再飛走」。

武器系統

儘管波音公司的X-32和洛克希德・馬丁公司的X-35差別很大，但是它們的設計目標卻要滿足同樣的基本需求。3個軍種都要求內置載荷要包括兩枚JDMA炸彈和兩枚AMRAAM導彈。美國海軍和空軍要求可以攜帶2000磅（907千克）的GBU-31，而美國海軍陸戰隊只要求攜帶1000磅（454千克）的GBU-32。1998年，3個軍種解決了棘手的機炮問題——結果是美國空軍的JSF安裝內置機炮，而美國海軍陸戰隊和海軍則使用機炮吊艙，安裝於武器艙中，佔去了一枚JDAM炸彈的位置。

JSF要具備夜間、各種氣候條件下進行精確攻擊的能力，在一定程度上，要能夠攻擊被霧、雨或者雲遮擋住的目標。鑒於新式的地對空導彈已經構成了對戰術飛機最大的威脅，因此JSF還要為飛行員提供比現役飛機所裝備的系統更

上圖：儘管大多數現役戰鬥機，如F-16攜帶「響尾蛇」短程空空導彈，進行自衛，但是JSF並不是為近距離空戰而設計的。它的主要防禦性武器是AMRAAM導彈，它所擁有的先進的識別和瞄準系統使它可以在更遠的距離上發射導彈。儘管如此，參與計劃的各方還是強烈要求安裝機炮。

強的對雷達制導威脅和導彈發射的感知能力。隱身要求使得JSF無法外掛吊艙，所以必要的電子和光學傳感器都必須內置。

用同樣的「基本」機身滿足3個軍種的不同作戰要求，隱身性能、速度、航程和武器載荷等主要參數會出現衝突，因為各自的作戰任務不同。JSF設計中最根本的衝突當屬美國海軍陸戰隊和英國皇家海軍對STOVL的要求與美國海軍對武器載荷和作戰半徑的要求。STOVL型需要在完成任務時攜帶未使用完的燃料和武器垂直著陸。這需要降低空重以適應垂直推力，這就等於受到了F119發動機衍生型推力的制約——要求設計師向最小、最輕的飛機的方向努力。但是美國海軍要求自己的JSF必須能夠攜帶大量的燃料和武器，因此飛機必須有較大的機翼便於在航母上進場著陸，還要增加結構強度以承受彈射起飛和阻攔著陸時的衝擊力。

波音公司和洛克希德・馬丁公司都在航電系統測試平台上測試過機載和外接傳感器對目標的探測和攻擊能力。洛克希德・馬丁公司在馬里蘭州阿伯丁試驗場的驗證試驗中，一架諾斯羅普・格魯曼公司的聯合監視目標攻擊雷達系統（STARS）飛機負責對模擬目標進行探測，並將位置數據傳輸給該公司的BAC 1-11聯合航電系統測試平台（CATB）。這些數據指引CATB的光電系統尋找目標。在第二次試驗中，CATB利用自身雷達的SAR/GMTI模式探測和定位目標。

生產訂單

在JAST階段，美國軍方的需求預計接近3000架飛機。美國空軍估計自己需要2000架戰鬥機，美國海軍需要300架。STOVL型的採購數量目前估計為美國海軍陸戰隊609架，英國皇家空軍和海軍可能會採購150架用於替換「鷂」和「海鷂」。英國可能會以「短距起飛/阻攔降落」（STOBAR）的方式為自己的新式大型甲板航母添置一些艦載型飛機。目前AV-8B的用戶，如意大利和西班牙，也可能是STOVL型JSF的潛在客戶。毫無疑問，這一數字會一直變動，因為量產還在幾年以後。

JSF計劃從一開始就面臨著很多出口難題，其中最難以解決的問題是——技術轉讓。隱身技術是美國的最高機密，至今仍然受到嚴格的和專門的出口限制。一個秘密委員會——低可探測性/反低可探測性（LO/CLO）執行委員會專門負責管理與隱身技術相關的技術出口，以防止五角大樓的任何機構意外出口了該項技術，以至於其他機構的秘密計劃大打折扣。

從理論上說，有三種方法可以規避低可探測性技術的出口限制。第一是向所有客戶出售相同佈局的飛機；第二是研製出口型，具有一定的低可探測性，但是低可探測性水平稍差；第三是去掉出口規章中所禁止的敏感材料。第三種方法最不可取。因為早期的隱形飛機的使用經驗表明，如果隱身性能不能得到

上圖和左圖：按照原來的時間表，工程和製造發展（EMD）樣機於2005年首飛，最初生產型於2008年開始交付美國空軍和美國海軍陸戰隊使用。英國於2012年開始用JSF替換「海鷂」，3年之後開始替換「鷂」GR.7/9。

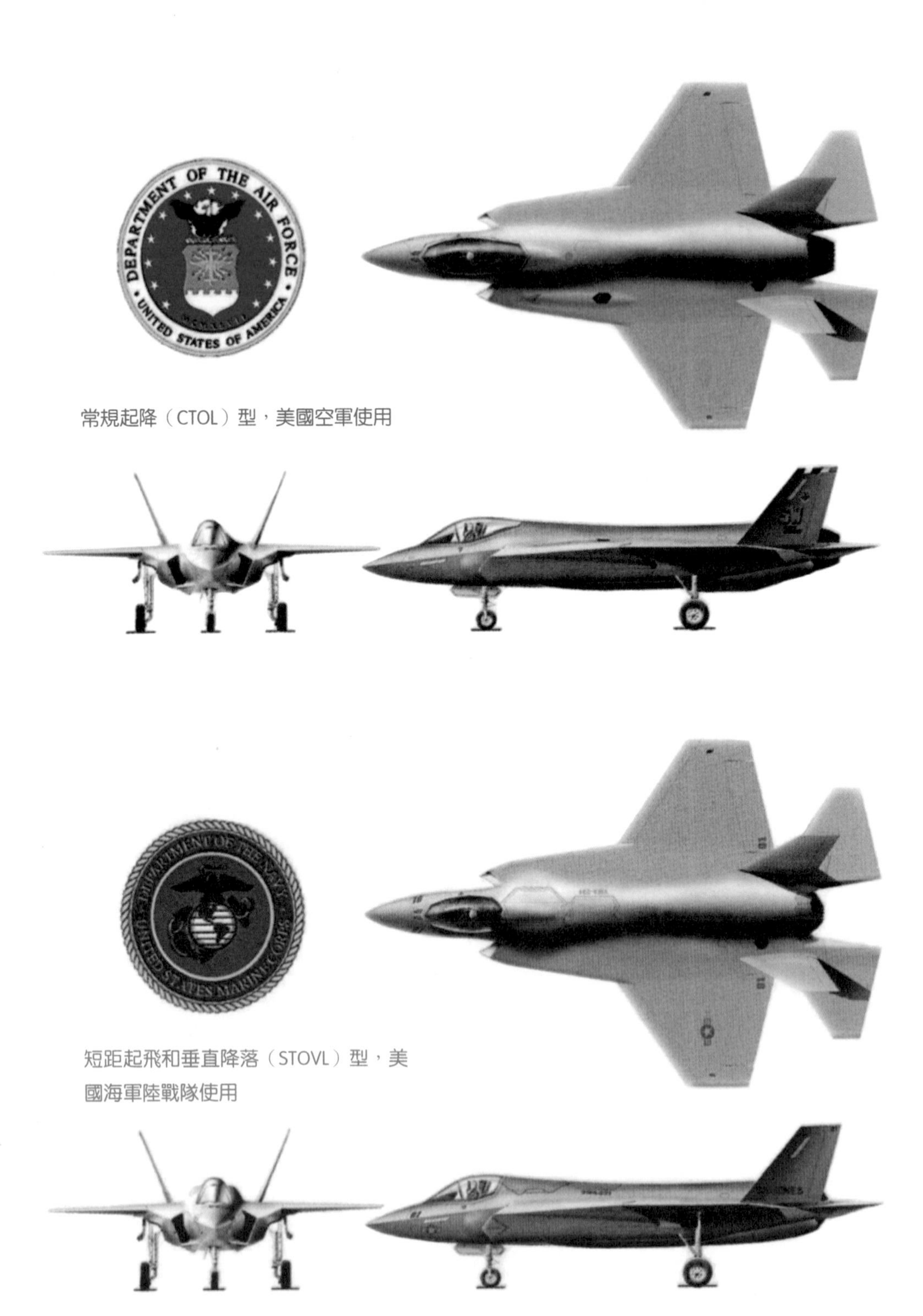

常規起降（CTOL）型，美國空軍使用

短距起飛和垂直降落（STOVL）型，美國海軍陸戰隊使用

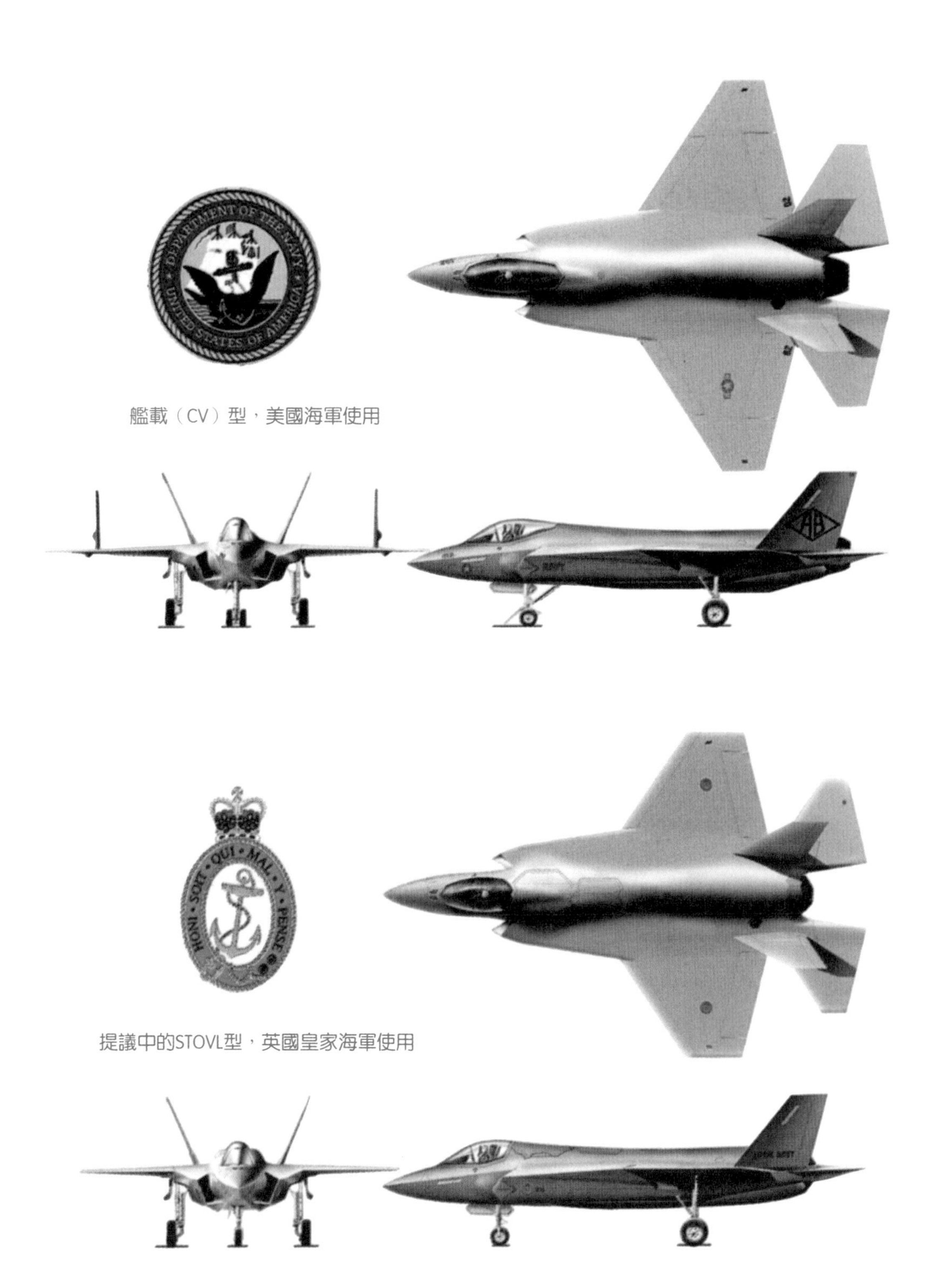

艦載（CV）型，美國海軍使用

提議中的STOVL型，英國皇家海軍使用

細緻的檢測和維護，它的戰術優勢就無法完全發揮。沒有隱形塗料的JSF就等於是一架非隱形飛機，像現役飛機一樣需要保護，如來自外界的對抗壓制措施和護航的干擾機。

早在JSF計劃初期，管理者們就開始討論中等程度的隱身技術，既不需要在出口的JSF上使用敏感材料，同時又能保證隱身性能。但是這種方法也有一個問題。如果研製一種雷達截面水平高於美國自己使用的標準型JSF的改型，這將增加成本。這還將導致新的試驗計劃，甚至是很多部件的改變，如天線。此外，機載系統也要安裝不同的軟件，以便計算出對JSF構成威脅的雷達目標的探測距離，並將信息顯示給飛行員。這種軟件在戰鬥機的服役期內要單獨進行維護。討論還引出了其他問題，如出口型是否需要安裝主動電子干擾器，以區別於標準型；在一架隱形水平較低的飛機上，是否值得放棄機動性能和安裝AIM-9的能力。

據一些JSF計劃的官員透露，至1998年底，全世界範圍內美國武裝力量的總司令（CINC）都捲入了這場討論。他們指出，如果各支部隊所裝備的不同型號的JSF連隱身性能都不相同的話，那麼未來的聯合作戰將極為困難。這不但會使戰術層面上極為複雜，而且如果盟軍的JSF不如美軍自己的JSF，也將造成政治上的危機。1999年初，討論結果最終傾向於同一佈局的飛機。但是，這也引起了很嚴重的安全問題。低可探測性的處理和維護需要在航線層面上進行，容易被很多人接觸到。此外，每一架JSF的威脅告警軟件都依賴於同一數據庫，該數據庫中包含有JSF在所有已知的可構成威脅的雷達上的參數。如果敵人獲得了這一軟件，那麼他們就將有能力對抗JSF了。

這一棘手的問題至今仍未完全解決。JSF計劃辦公室說，他們無權作出決定，LO/CLO執行委員會還沒有干預此事，不過有一個例外。英國已經完全參與了JSF的隱身技術，但是被嚴格禁止再參與歐洲的低可探測性計劃。拋開技術敏感性不說，已經有多個國家表現出參與JSF計劃的興趣。英國作為全面合作夥伴，已經宣佈願意在EMD階段投入20億美元。2002年5月，加拿大和土耳其也作為「合作夥伴」參與了該計劃。荷蘭政府也曾決定有條件參加，不過仍需要議會的批准，但這一進程因2002年3月荷蘭大部分內閣成員的辭職而耽擱。2002年5月24日，丹麥宣佈簽約成為第3級合作夥伴，澳大利亞、比利時、意大利、以色列、挪威和新加坡也表現出濃厚的興趣。

詳細參數/變型

2002年5月時，洛克希德・馬丁公司的JSF參數仍未公開。

下圖：洛克希德・馬丁公司的JSF（STOVL型）座艙後面隆起的區域用於安裝升力風扇，這使得座艙蓋也減小了。

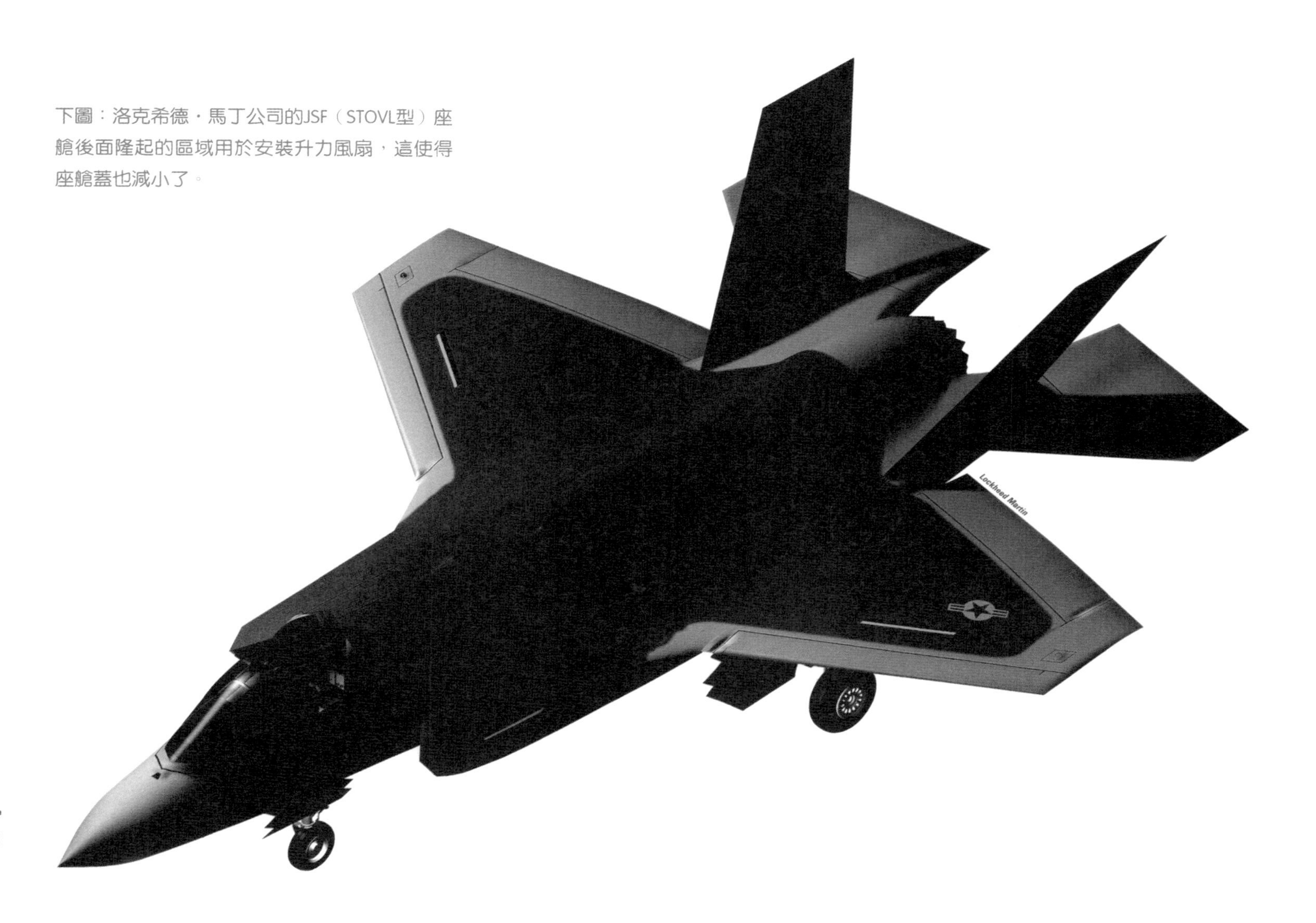

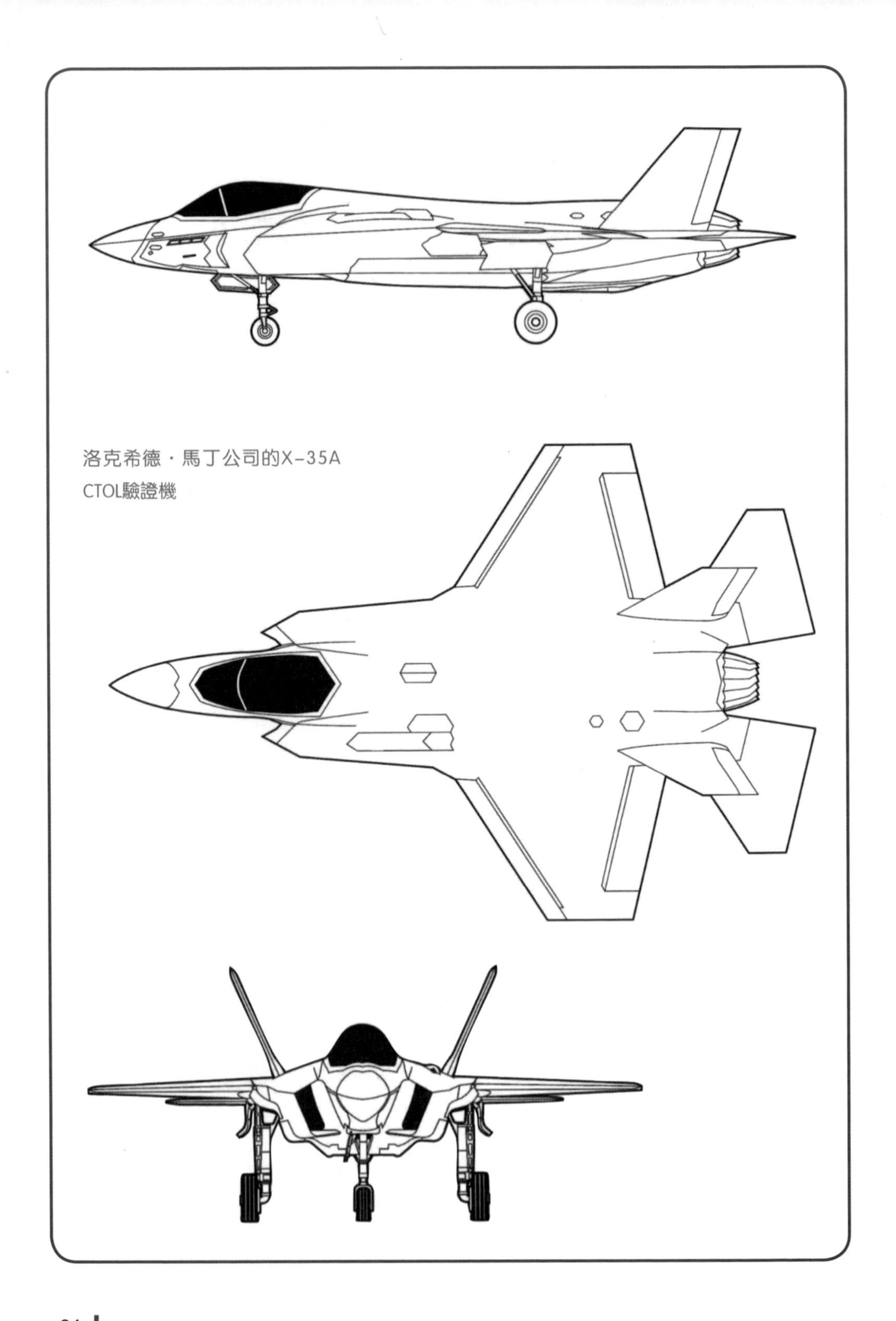

洛克希德·馬丁公司的X-35A
CTOL驗證機

LOCKHEED MARTIN
NORTHROP GRUMMAN
BAE SYSTEMS
JSF

戰機3　歐洲戰鬥機「颱風」

研製與試飛

當美國的分析家們首次研究西歐新一代先進戰鬥機時——所謂的「灰色威脅」——歐洲戰鬥機被給予了遠高於其他競爭對手的評價，並被認為是美國除了F-22以外的所有戰鬥機的致命對手。但是，這種評價被美國國內的一部分人認為是言過其實，是在藉機誇大對F-22的需求。他們指出，歐洲戰鬥機、「陣風」和「鷹獅」都不足以對最新型號的F-15和F-16構成實質性的威脅。歐洲戰鬥機計劃的發展過程並不是一帆風順，雖然沒有遇到重大的技術問題，但是仍出現了很重大的延誤，最主要的原因是德國人的「政治手腕」。因此在提到歐洲戰鬥機時，新聞記者們都習慣使用「遇到麻煩的」作為修飾詞。沒有進行過仔細對比，很容易就會低估這種飛機。

一些批評家聲稱這種飛機源於冷戰時代的作戰需求，在冷戰後時代的世界中，它的概念已經落伍，與時代脫節。最有說服力的是，這種飛機的設計初衷是應對最糟糕的情況，因此在低強度衝突中有點大材小用。英國皇家空軍要求歐洲戰鬥機具備區域外作戰和部署作戰的能力，能夠應對任何未來的威脅。但是認為歐洲戰鬥機的性能和機動性不好的觀點並不符合實際情況。由於歐洲戰鬥機在 「緊急狀態」改出的飛行中，使用的是飛行控制系統，因此沒有給人留下深刻印象——與此同時，俄羅斯的「超級戰鬥機」卻相繼在范堡羅和巴黎航展上展示了令人驚羨的低速機動性。最終，情況發生了根本性的改變。德國政府決定全力參與。現在，歐洲戰鬥機已經展示出了令人信服的優異性能。一些比較公正的觀察家們認為，很難評估歐洲戰鬥機到底是不是世界上最先進的多用途戰鬥機。

儘管多國聯合研製第四代歐洲戰鬥機的想法可追溯至20世紀70年代，不過從外形上看，該計劃始於80年代英國、意大利和德國合作進行的先進戰鬥機計劃。1984年發佈了5國集團目標草案，西班牙和法國也參與進來，但是法國於1985年退出，潛心研製自己的「陣風」。其餘4國於1985年12月發佈了歐洲集團需求，並於1988年開始了全面研製工作。工業夥伴有英國宇航公司（現在的英國宇航系統公司）、戴姆勒・克萊

本頁圖：歐洲戰鬥機採用了很時髦的鴨翼，其特點是前緣連續後掠和減阻後掠的前舵（可以增加升力）。為了實現這一結構，大量使用了新一代複合材料、鈦金屬和先進的合金，這使得飛機的重量相對於其尺寸來說顯得很輕。四個合作夥伴也開始積極探討對這一平台進行重大改進。

斯勒航宇公司（現在是歐洲宇航防務集團下屬的德國公司）、阿萊尼亞公司和西班牙航空製造有限公司（現在也是歐洲宇航防務集團下屬的公司），這幾家公司於1986年成立了歐洲戰鬥機股份有限公司來管理整個研發計劃，另外還有一家單獨的聯營公司，即所謂的「歐洲噴氣發動機公司」，專門負責協調和管理發動機計劃。首飛日期本來定於1990年，但是卻經歷了一段艱難而困擾的時期，各國為成本、技術、分工和歐洲的政治而爭吵不休。首飛日期也一推再推，先是幾個月，後來是幾年。1995年發佈了修正版歐洲集團需求，此時3架原型機已經開始試飛，有關分工問題的爭論也於1996年獲得了最終解決。同年9月，英國開始為生產階段投資，西班牙在兩個月後，意大利和德國於1997年底投資。

生存能力、可靠性、可利用率和較低的全壽命成本在研發過程中被置於優先地位，當然還包括很強的發展潛力。如果飛機在服役期間的每飛行小時維修工時（MMH/FH）和平均故障間隔時間（MTBF）不達標，歐洲戰鬥機股份有限公司將被處以罰金。此外，發動機具有15%的發展潛力，並可以通過連續技術插入計劃（CTIP）來避免任務計算機和其他關鍵系統的中期升級。

共有7架發展型歐洲戰鬥機參與了試飛計劃，如此之多的飛機，而且是在4個不同的試飛中心（分別位於4個參與國）進行，無疑會導致一部分重複工作。但是這也使得試飛工作的進展速度大大加快。到2000年底，大約94%的初始作戰能力（IOC）的要求在這些飛機上得以檢驗。

1994年3月27日，第一架原型機DA1（編號98＋29）首飛。原計劃首飛時間是1992年，後來又改為1993年10月，而這一時間節點也錯過了，因為關鍵的飛行控制系統（FCS）軟件仍需進行大量的額外工作。此前墜毀的YF-22和JAS-39「鷹獅」就是因為FCS軟件出現問題。DA1用於檢測飛機的操縱性和發動機的研發，在德國曼興試飛，由試飛員皮特・威格駕駛。這架飛機採用了三色灰塗裝，機身下方淺灰色，上方（從機身兩側中線開始，包括垂尾和機翼上方）深灰色。在機頭左側有一個專門設計的圓形四國機徽，圓形圖案被分割為四部分，左上部分是代表德國的黑（外圈）、紅和黃（內圈），其餘依次是（按順時針方向）代表英國的藍白紅、代表西班牙的紅黃紅和代表意大利的紅白綠。這種多國圓形機徽被噴塗在機身前部、鴨翼後側和兩個機翼上下。德國的鐵十字標誌則出現在機身後側、左側翼尖上方和右側翼尖下方。

DA1曾經差點被轉交至英國沃頓，英國軍用編號（編號ZH586）都已經為它準備好了。但是1997年DA1在英國沃頓短暫停留，進行超音速試飛時，這一切並沒有發生。按照預訂計劃，這架原型機要為試飛計劃飛行635個架次。至2001年2月，這架原型機飛行了232個架次，累計飛行184小時25分鐘。1999年初，這架飛機換裝了EJ200發動機。

由於天氣惡劣，DA2（編號ZH588）的首飛時間推遲到了1994年4月6日。在英國沃頓，試飛員克裡斯・尤成功完成了50分鐘的飛行。這架飛機用於飛行包線擴展和「不用操心」操縱系統的試飛，採用了與DA1相同的底色，但是用英國皇家空軍的機徽代替了鐵十字，翼尖處噴有四國機徽。在第三階段的試飛中，DA2安裝了改出尾旋傘系統，改出尾旋傘安裝於一個台架上，台架固定在機身下方、兩個發動機之間，和沿靠垂尾根部的機身上

上圖和下圖：「超低空」受油？這個場景很少見，圖中的DA2正與停在它前面的英國皇家空軍TRISTAR的drogue系統相連接。它是第一架安裝空中受油管的歐洲戰鬥機，空中受油管可收縮進飛行員前方的右側機身內，如右上圖所示，它正在與英國國防評估與研究局（DERA）的VC10加油機進行對接試驗。

方。預訂計劃要求試飛635個架次。1997年12月23日，在歐洲戰鬥機的第203次試飛中，保羅・霍普金斯首次駕駛飛機超過了兩馬赫。5個月前，這架飛機曾被部署到利明基地進行加固型飛機掩體（HAS）的適應性試驗。

DA2也是第一架安裝空中受油管進行試飛的飛機，在1998年1月間，與英國皇家空軍的VC10 K.Mk 3加油機進行過多次空中對接（未進行加油）。這架飛機後來也換裝了EJ200發動機，並於1998年8月26日進行了換裝後的首飛（第217次試飛）。裝飾有獅子、皇冠和玫瑰的徽章最先應用於DA4，還在垂尾上噴塗了紅白藍三色V形標誌。DA2經過了燃油系統改進，2000年12月18日進行了最後一次試飛。此時它累計飛行345架次，飛行時間也達到了303小時3分鐘——比其他歐洲戰鬥機原型機的都要長，這使它成為當之無愧的「領隊」。經過適當的改進，它又重新回到了試飛梯隊中進行操縱性試飛，換成了全黑色塗裝（用於遮掩「不大顯眼」的黑色氣壓墊），但是垂尾上卻有第43中隊的「鬥雞」徽章。2002年5月，它開始安裝改出尾旋台架進行飛行。

DA3（編號MMX602）是意大利製造的第一架歐洲戰鬥機，於1995年6月4日進行了首飛，也是第一架安裝EJ200-1A發動機的飛機。最初計劃製造8架原型機，後來減為7架，因此這架飛機原本應該被稱作DA4；而原本應該被稱作DA3的是英國沃頓雙座機，結果被稱作了DA4，這架雙座機本來是用於EJ200發動機整合、載荷投擲和機炮開火測試的。不過增加推力的EJ200-1C發動機後來安裝在了真正的DA3上，換裝發動機之前DA3完成了40次試飛。1997年5月換裝了標準生產型EJ200-3A發動機。DA3全身都採用了單一的淺灰色塗裝，四國機徽的位置與英國皇家空軍相同，而意大利的圓形機徽則僅噴塗在機身上。飛機的垂尾兩側噴有紅白綠三色V形標誌，後來改成了意大利飛行試驗隊（RSV）的垂尾徽章。RSV是意大利的評估和接收/許可部門。

與DA1和DA2一樣，DA3也沒有安裝雷達，僅在機鼻處安裝了測試裝置。飛機的翼下掛架處也安裝了硬連接點，進行了攜帶副油箱的飛行。原定DA3要為試飛計劃飛行430架次，但是由於油箱洩漏導致初期的使用率低於預期。至2001年2月飛機開始接受機炮和其他設備的改裝時，累計飛行191小時51分鐘，起飛246架次。

由於原型機數量的削減，第二架在英國沃頓製造的原型機（編號ZH590）本來應該被稱作DA3，但最終命名為DA4。飛機出廠時全身採用的是單一的灰色塗裝，類似於意大利的原型機。但是國徽噴塗的位置與DA2相同。該機在首飛前進行了重新塗裝——先打好底漆，再將整個機身噴成比雷達罩顏色稍微深一點的灰色。飛機垂尾上也噴塗了與意大利的飛機類似的紅白藍三色V形標誌，但是位置更接近於垂尾頂部，而且還有一個新的徽章——黑色背景，皇冠、紅色的蘭開夏玫瑰和金色的獅子。DA4原計劃飛行420架次，是用於操縱性測試、雷達研發、航電設備整合和研發的雙座機。儘管它是第一架雙座機，卻是最後一架試飛的原型機——1997年3月14日首飛，由試飛員德裡克·雷爾駕駛。與DA6（另外一架雙座機）一樣，它也沒有安裝空中受油管。

90年代末，因為一部分設備的缺乏，飛機經歷了暫時的停飛；因此在飛機停飛期間，有機會對其加以改進。2000年4月13日，當歐洲戰鬥機進行停飛前的最後一次試飛時，它已經在97個飛行架次中累計飛行98小時57分鐘。在較長的停飛期間，它的航電設備和發電系統經過了改進，並完成了輔助防禦子系統（DASS）的地面測試。2001年末，DA4重新加入試飛計劃。停飛後的首飛是為了檢測眾多系統，包括發動機、雷達、先進中距空對空導彈（AMRAAM）的集成和地面迫近警告系統（GPWS）。隨後的試飛主要是為了完成戰鬥機服役前的初始許可，因此初步測試主要集中於武器系統，如AMRAAM和先進短程空對空導彈（ASRAAM）、雷達和GPWS的集成。2002年4月，在蘇格蘭赫布裡底群島本貝丘拉島的海域上空，克雷格·彭裡斯駕機進行了第一次全程制導的AMRAAM測試發射，成功擊落了空中目標（一架意大利「奎宿九星」無人機）。

最初計劃中的DA5應該是在英國沃頓製造，但是後來被從試飛計劃中砍去，其試飛任務也轉交給了DA4和後來的DA5。而這架真正的DA5（編號98+30）是德國製造的第二架歐洲戰鬥機，原本應該稱為DA6。最初DA5試飛

左圖：1994年4月6日，DA2在英國沃頓完成了首飛。這架飛機用於飛行包線擴展和「不用操心」操縱系統的試飛。2001年6月，在經歷了6個月的停飛之後，安裝了標準生產型EJ200-03Z發動機的DA2繼續進行飛行包線擴展任務。1997年12月23日，DA2的飛行速度達到兩馬赫；1999年4月，飛行高度達到50000英尺（15240米）。

上圖：圖中所示的DA7安裝了各種先進武器，如「風暴陰影」、「金牛座」和「流星」導彈，但是這一配置的完全實現仍有待時日。ASRAAM是FOC武器配置的一部分。

時，機身採用的仍是出廠時的底漆，只有雷達罩噴好了漆，編號和機徽的位置與第一架一樣，圓形的四國機徽位於座艙下方。JP005的編號噴在垂尾上，這架飛機用於雷達的開發和武器系統的集成。後來改用了兩色碎片式迷彩，機身上部、垂尾下部和機翼上表面的內側則採用了深灰色塗裝。飛機上還有一個巴伐利亞的旗幟，垂尾兩側都有「巴伐利亞空軍」的標誌，當然也少不了「DA5-EJ200」的字樣。這也是第一架安裝雷達進行飛行的歐洲戰鬥機，於1997年2月24日進行了全功能試飛。這架飛機安裝的是EJ200-3A發動機。1995年10月，DA5完成了歐洲戰鬥機的第500次飛行。1998年，它還在柏林和范堡羅航展上用做展示機。原訂計劃這架原型機要飛行385個架次，至2001年2月，這架飛機完成了176次飛行，留空時間達136小時17分鐘。2001年3月，在德國拉戈完成了「捕捉者」雷達的測試，包括多目標模擬——成功地同時對20個目標進行了跟蹤（包括德國空軍的F-4F和米格-29）。

DA6（編號XCE-16-01）本來是應該稱做DA7的，是第一架進行飛行的雙座型歐洲戰鬥機。它的首飛時間是1996年8月31日，早於DA4升空。試飛員是阿方索·米格爾，這架飛機安裝了第二階段FCS軟件，其任務是在315個架次的試飛計劃中，完成雙座型的操縱性以及雙座型的航電設備和系統的測試。DA6採用了全身灰色塗裝，與意大利的原型機類似。每個機翼上下都有圓形的四國機徽，但沒有本國國徽，不過垂尾兩側都有西班牙傳統風格的公牛徽章。2001年2月，這架飛機累計飛行199架次，飛行時間為191小時50分鐘。

意大利的第二架原型機（編號MMX603）原來應該稱做DA8，但最終卻被稱做DA7，於1997年1月27日首飛。這架原型機的任務是在290架次的試飛計劃中完成性能的測試和武器的集成。這架原型機於1997年12月15日發射了一枚AIM-9導彈，完成了歐洲戰鬥機的首次導彈發射，它採用的塗裝與意大利的第一架原型機DA3相同。在2001年2月，這架原型機共完成了177次試飛，累計留空時間94小時21分鐘。

標準生產型EJ200-03Z發動機於1999年10月開始進行飛行測試，安裝在意大利的DA3原型機上，試飛地點在意大利的伽塞雷。此時，發展型EJ200發動機已經在7架原型機上運行了3600小時，其中1170小時是飛行時間。同年12月，首次完成了空中重新點火，2001年3月底，北約歐洲戰鬥機和「狂風」管理局（NETMA）授予歐洲噴氣發動機公司的標準生產型EJ200-03Z發動機技術認可證書。這標誌著發動機耗時良久的運行測試和地面測試的最終完成——儘管到2001年6月，英國宇航系統公司的DA2仍在使用EJ200-03Z發動機進行試飛，而非最終發展型EJ200-03Y。

歐洲戰鬥機的設計指標是可以攜帶220加侖（1000升）和330加侖（1500升）的可拋棄副油箱。1997年12月，DA3開始攜帶小型副油箱試飛；1998年6月，DA7成功投擲了副油箱。1999年2月，DA3（主要用於進行外掛載荷測試的飛機）攜帶裝滿燃油的大型副油箱進行飛行；3月，在攜帶小型副油箱的情況下，飛行速度成功超過了1馬赫。3月底，DA3攜帶兩個小型副油箱時飛行速度達到1.6馬赫；同年12月，攜帶3個副油箱達到了相同的飛行速度。

由於4個國家都將防空作戰作為優先方向，因此第一架達到IOC標準的歐洲戰鬥機主要依靠AIM-9L和AIM-120B空對空導彈作戰，空對地攻擊能力很有限。2005年3月達到全面作戰能力（FOC），2006年1月達到北約的通用標準。此外，第2批次生產型的配置類似於FOC，但是軟件和航電設備有所變化。英國和德國已經展開了歐洲戰鬥機增強計劃，為第3批次的生產型飛機研究改進方案，意大利和西班牙也可能會參加。

除了集成新型「智能」武器，安裝「風暴陰影」、「金牛座」和「流星」導彈外，第3批次的飛機可能會安裝保形油箱（CFT）和地形匹配導航系統（TRN）。據稱，它還將改進頭盔顯示器，屆時抬頭顯示器（HUD）就可以取消了。此外，發動機合作夥伴——西班牙渦輪推進器工業公司（ITP）已經開始為EJ200發動機研製矢量推力。以目前的情況來看，發動機有30%的推力提升潛力。推力將逐步提升（但是尚未得到資金支持），EJ230提升至23155磅（103千牛），後續發展型號則達到26300磅（117千牛）。到2010年，歐洲戰鬥機可能會安裝電子主動掃瞄陣列雷達。英國宇航系統公司（英國）、泰利斯公司（法國）和歐洲宇航防務集團（德國）已經開展機載多模式固態有源相控陣雷達（AMSAR）技術驗證計劃，旨在研製一種固態電子掃瞄天線陣列雷達，所採用的技術類似於美國空軍的F-15所安裝的以及計劃為F/A-18E/F、F-22和JSF研製的AESA。AMSAR原型預計於2003年在BAC 1-11測試平台進行飛行測試，但是可能最先應用於達索公司的「陣風」，以提高法國戰鬥機的出口潛力。不過它與「捕捉者」雷達（稍後介紹）的集成不大可能早於2010年，當然也有可能提前。

研製中的未來攻擊飛機系統（FOAS）等先進技術也可能注入歐洲戰鬥機，因為歐洲戰鬥機是未來攻擊飛機系統研製的核心目的，因此這是歐洲戰鬥機應得的待遇。從發展潛力上說，FOAS可能會成為新型飛機的基本要素，而且它還有廣泛的用途，包括無人駕駛戰鬥機（UCAV）等現役和計劃中的飛行器。英國宇航系統公司還進行過艦載型「海颱風」的研究。這一舉動是為英國計劃中的兩艘航空母艦尋找潛在艦載機，儘管英國國防部（MoD）已經選定洛克希德•馬丁公司的F-35（如果計劃不流產的話）作為未來聯合作戰飛機（FJCA）。

在之前的訓練方面，歐洲戰鬥機股份有限公司於2001年5月1日宣佈已經獲得了9.49億美元的合同，為聯合研製歐洲戰鬥機的4個國家提供作戰模擬訓練器。在整個計劃包括機組人員合成訓練輔助系統（ASTA）、18台全任務模擬器（FMS）和9台駕駛員座艙訓練器/飛行員互動站—升級版（CT/IPS-E）。主承包商是英國宇航系統公司和泰利斯公司，該系統將提供全部的任務模擬訓練，包括空中格鬥、武器使用和電子戰。

2001年中，報告指出歐洲戰鬥機計劃再次落後於進度表，研製成本也增至54.3億美元——最初的預算是40.9億美元。如果這一說法屬實，那麼歐洲戰鬥機就不再屬於相對便宜的新一代戰鬥機的範疇了。在第1批生產型的生產合同簽署之前，英國國家審計辦公室指出，如果加上研究和開發成本，英國皇家空軍採購的歐洲戰鬥機每架成本達4020萬（6600萬美元）～6100萬英鎊（1億美元）。而現在每架的成本已經接近8100萬英鎊（1.17億美元）了。

但是，採購成本不是唯一需要考慮的問題，因為全壽命成本（最終擁有成本）也不在少數。合同上曾承諾過，歐洲戰鬥機的該項成本將低於現役戰鬥機，同時擁有更先進的雷達、更長的戰鬥持續力（更多的導彈）和更強的性能——（超音速加速性能、機動性、大攻角和低速時的「不用操心」操縱品質）要壓倒現役戰鬥機。即便發展到

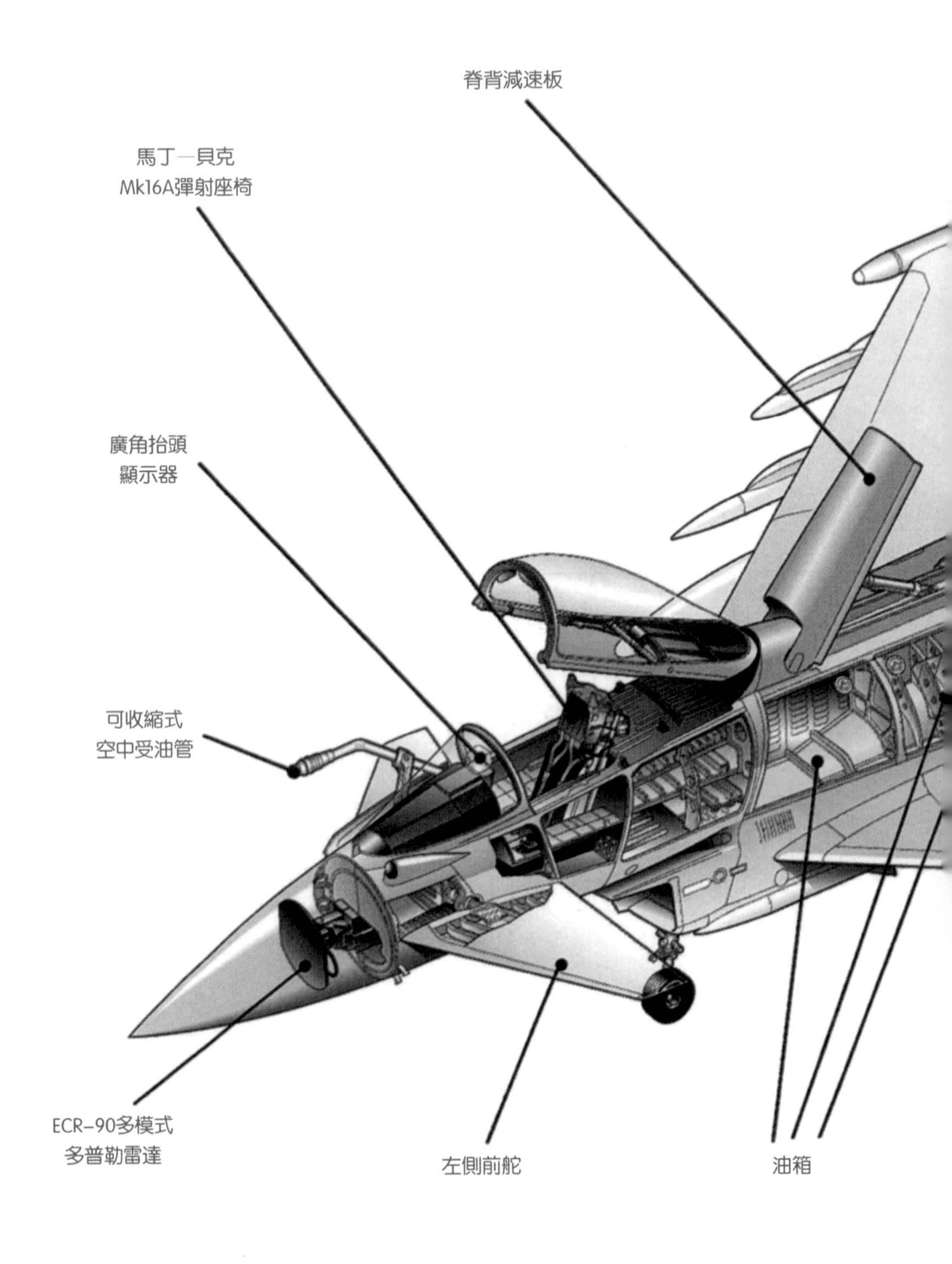
脊背減速板
馬丁—貝克
Mk16A彈射座椅
廣角抬頭
顯示器
可收縮式
空中受油管
ECR-90多模式
多普勒雷達
左側前舵
油箱

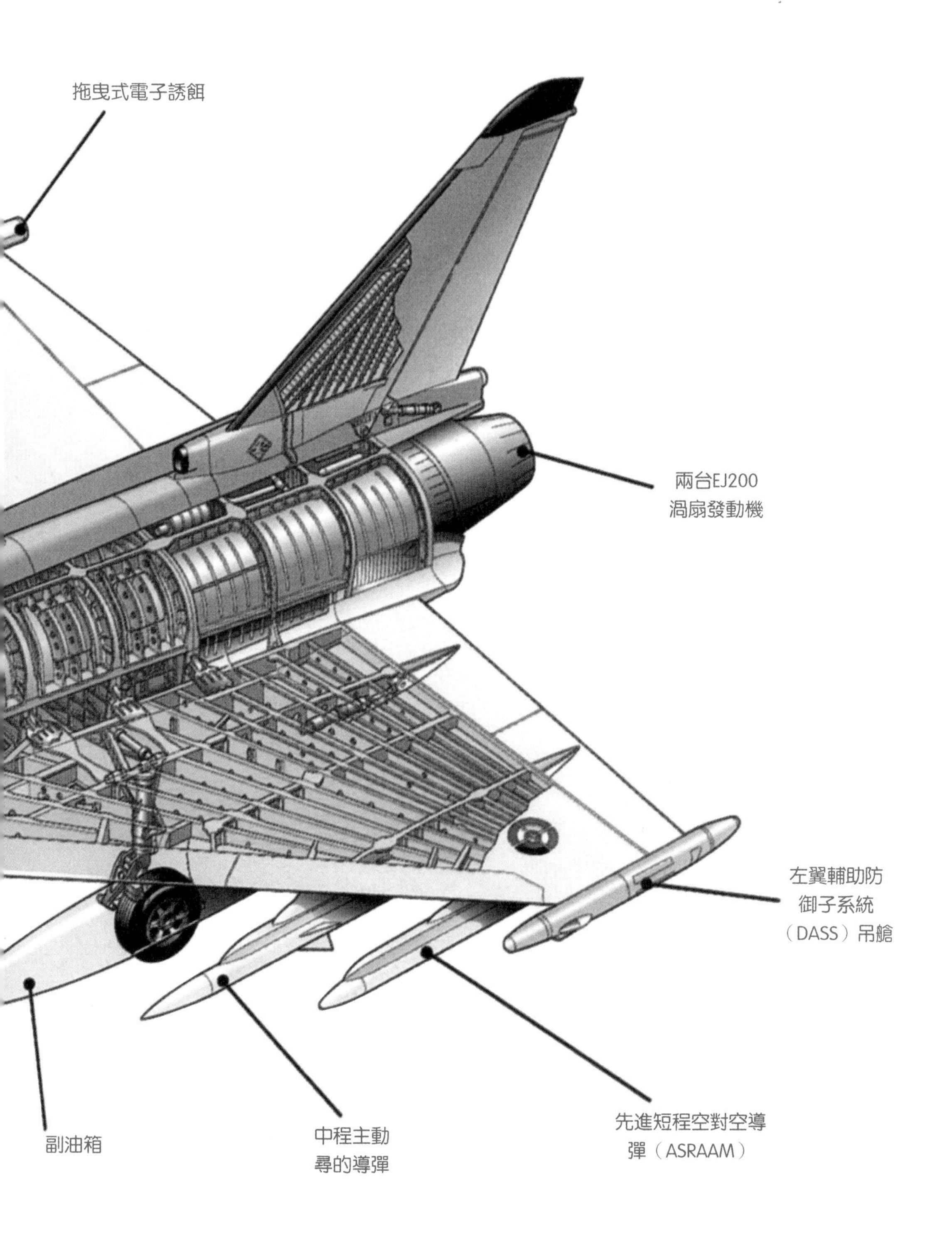
拖曳式電子誘餌
兩台EJ200
渦扇發動機
左翼輔助防
御子系統
（DASS）吊艙
副油箱
中程主動
尋的導彈
先進短程空對空導
彈（ASRAAM）

Block 50N和Block 60階段，F-16「戰隼」仍無法與遠程、全天候、超視距（BVR）的歐洲戰鬥機相媲美。

即使第一批下線的歐洲戰鬥機還不具備全部作戰能力，但是即便是作為已經稍顯落伍的戰鬥機也會比現有最好的戰鬥機稍有改進。無論怎樣，可以肯定的是任何會影響歐洲戰鬥機初始作戰標準的缺點或延誤都是出在空對地性能方面，而非空對空性能。由於安裝了先進的頭盔瞄準/顯示系統和直接音頻輸入（DVI）技術，正式服役後達到全面作戰能力標準的歐洲戰鬥機將會為飛行員提供比F-22「猛禽」更好的人機環境和界面。可能F-22的超音速巡航速度和隱身性能比歐洲戰鬥機要好，但歐洲戰鬥機的迎頭雷達截面（RCS）信號也很低。而且更重要的是，較低的RCS只是隱身性能的一個方面，輻射較低的傳感器和瞄準設備也很重要。即使雷達探測不到F-22，但是一旦它利用自身的機載雷達發射信號，它就可以被探測到，因為它不具備歐洲戰鬥機所具有的被動（不發射信號）目標探測傳感器。歐洲戰鬥機安裝了非常精密的紅外搜索與跟蹤系統（IRSTS）。關鍵的是F-22沒有DVI，這將使歐洲戰鬥機擁有更快的多目標分類

下圖：1997年2月24日，DA5首次升空，它的主要任務是用於航電設備的測試和武器系統的集成。這架飛機在1997年2月間的試飛過程中安裝了C型「捕捉者」雷達，它也是第一架安裝該型雷達的歐洲戰鬥機。

歐洲戰鬥機「颱風」

1. 玻璃纖維強化塑料（GFRP）雷達天線罩，鉸接於右側
2. 歐洲雷達公司生產的「捕捉者」多模式脈衝多普勒雷達掃瞄裝置
3. 機械掃瞄裝置
4. 可收縮式空中受油管
5. 儀表盤罩
6. Eurofirst公司的無源紅外機載跟蹤設備（PIRATE）前視紅外搜索與跟蹤傳感器
7. 雷達設備艙
8. 大氣數據傳感器
9. 左側鴨翼前舵
10. 前舵擴散焊接鈦金屬結構
11. 前舵樞軸座
12. 液壓動作筒

和定位能力。歐洲戰鬥機的設計目標是擊落大量的敵機——米格-29、蘇-27、「幻影」2000，甚至「陣風」——因為從歷史上說，法國從不在乎自己出售的先進武器落到誰手裡。

在批量生產開始之前，中期作戰能力的試飛任務大概完成了90%，標準生產型使用的設備也基本選定。隨著試飛的繼續，5架裝測試設備生產型機（IPA）也加入了試飛梯隊。至2001年6月中，DA梯隊已經累計飛行1586架次，飛行時間達1298小時。整個研發計劃要求的留空時間為4000小時。

13. 方向舵腳蹬

14. 儀表盤和史密斯工業公司的全彩多功能低頭顯示器（MHDD）

15. 英國宇航系統公司航電設備公司的抬頭顯示器（HUD）

16. 後視鏡

17. 鉸接式座艙蓋，向上開啟

18. 飛行員的馬丁—貝克Mk16A零零彈射座椅

19. 操縱桿、柱形手柄和全權數字式主動控制技術（ACT）的線傳飛控系統

20. 發動機節流閥桿，HOTAS控制系統

21. 側桿控制面板

22. 延伸狀態的登機梯

23. 附面層分流板

24. 航電設備艙下面的空調設備

25. 座艙後氣密隔板

26. 座艙增壓閥

27. 座艙蓋閉鎖制動器

28. 座艙後蓋板

29. 航電設備艙，左側和右側都有

30. 低壓冷光源編隊條形燈

31. 前機身翼板

32. 空調系統熱交換排氣口

33. 左側發動機輔助進氣道

34. 進氣道斜坡式溢出氣流排氣道

35. 左側發動機進氣道

36. 帶有「整流罩」的液壓制動器

37. 座艙蓋外部解鎖裝置

38. 低頻UHF天線

39. 向後收起式鼻輪

40. 機身前部半埋入式導彈掛架

41. 壓力加油連接頭

42. 固定式機翼內側前緣部分

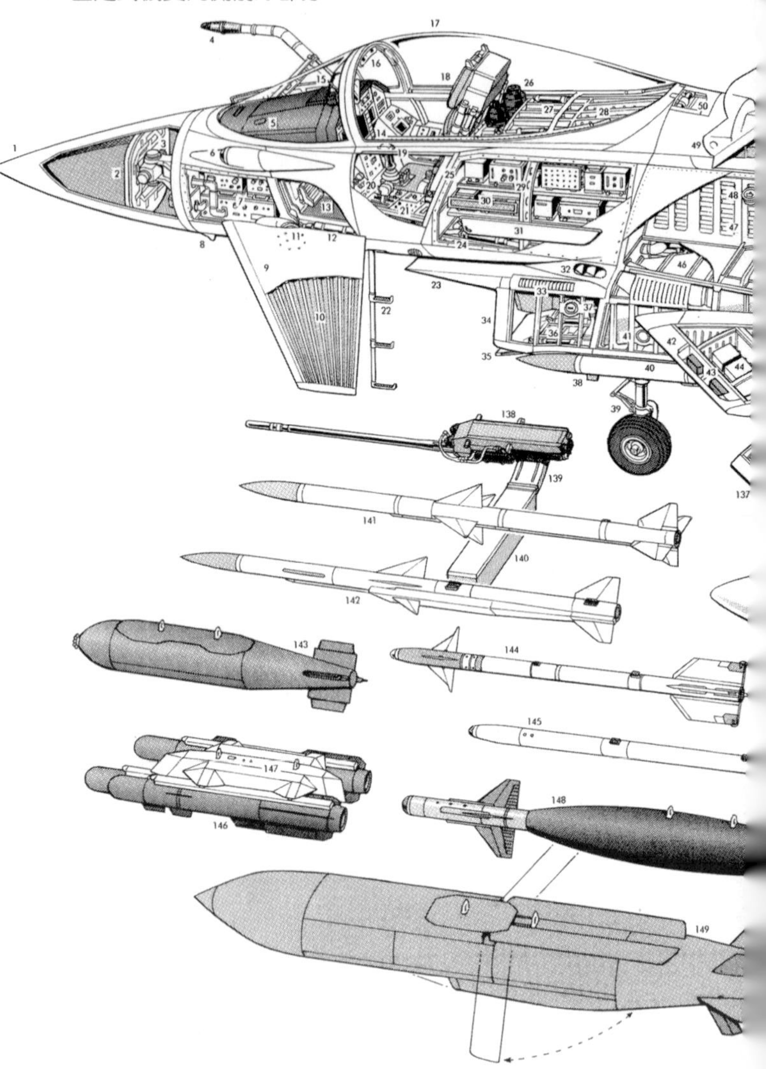

43. 導彈發射和迫近告警天線

44. 導彈發射和迫近告警接收器

45. 中央伺服馬達驅動的前緣縫翼驅動軸

46. 進氣道

47. 機身前部油箱，左側和右側都有

48. 重力式燃油注入口

49. 減速板的鉸鏈座

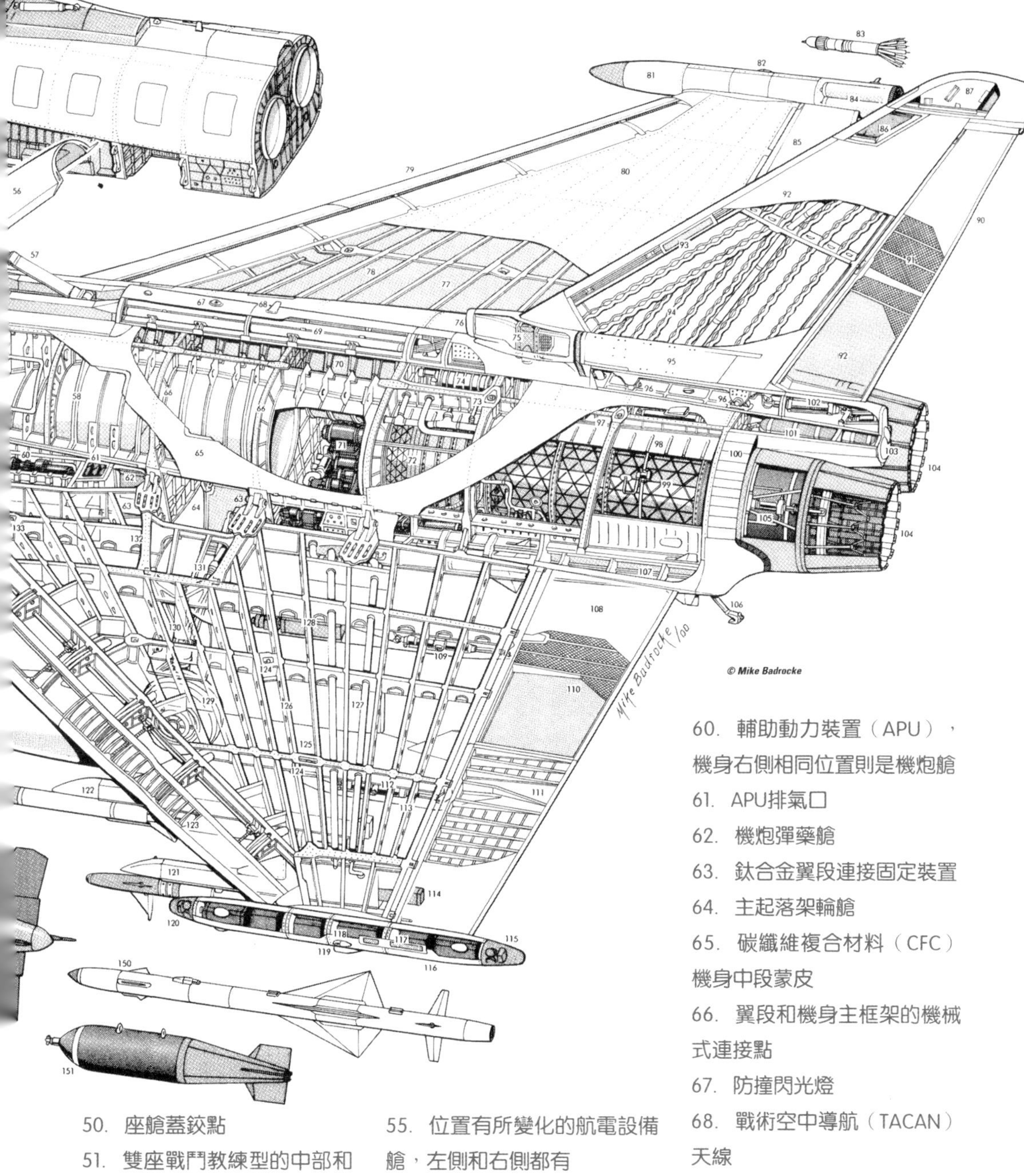

60. 輔助動力裝置（APU），機身右側相同位置則是機炮艙
61. APU排氣口
62. 機炮彈藥艙
63. 鈦合金翼段連接固定裝置
64. 主起落架輪艙
65. 碳纖維複合材料（CFC）機身中段蒙皮
66. 翼段和機身主框架的機械式連接點
67. 防撞閃光燈
68. 戰術空中導航（TACAN）天線
69. 背部整流罩，空氣和電線管道
70. 機身中部內油箱
71. 後備式電源系統（SPS）

50. 座艙蓋鉸點
51. 雙座戰鬥教練型的中部和前部機身
52. 飛行學員的座位
53. 教練員的座位
54. 背部油箱
55. 位置有所變化的航電設備艙，左側和右側都有
56. 背部減速板
57. 減速板液壓千斤頂
58. 機身中部內油箱
59. 油箱蓋板

設備艙，依靠發動機驅動、安裝於機身的配件設備變速箱
72. 歐洲噴氣發動機公司的EJ200加力低涵道比渦扇發動機
73. 發動機前部連接點
74. 液壓油箱，左側和右側都有，獨立雙系統
75. 發動機溢出氣流主熱交換機
76. 熱交換機沖壓空氣進氣道
77. 右側翼段整體式油箱
78. 右側翼段整體式油箱
79. 右側前緣縫翼部分
80. 機翼CFC蒙皮
81. 右側翼尖電子戰（EW）設備
82. 右側航行燈
83. 英國宇航系統公司的拖曳式雷達誘餌（TRD）
84. TRD複式外殼
85. 右側外側升降副翼
86. 高頻（HF）天線
87. 垂尾頂部的超高頻（UHF）敵我識別系統（IFF）天線
88. 後端天線
89. 放油口
90. 方向舵
91. 蜂窩狀內部結構
92. 垂尾和方向舵的CFC蒙皮
93. 編隊條形燈
94. 垂尾的CFC「正弦波」梁結構
95. 熱交換器連接點
96. 垂尾連接點
97. 發動機後部連接點
98. 發動機艙內襯放熱罩
99. 加力燃燒室進氣道
100. 排氣管密封板
101. 減速傘艙
102. 方向舵液壓動作筒
103. 減速傘艙門
104. 可變區域加力燃燒室噴嘴
105. 噴嘴液壓動作筒
106. 跑道緊急著陸鉤
107. 機身後部半埋入式導彈掛架
108. 左側CFC內側升降副翼
109. 內側掛架安裝的箔條/曳光彈發射器
110. 升降副翼的蜂窩狀內部結構
111. 外側升降副翼的全鈦結構
112. 外側掛架安裝的箔條/曳光彈發射器
113. 後部電子對抗設備（ECM）/電子支援設備（ESM）天線整流罩
114. 左側機翼外側掛架下的箔條撒布器
115. 翼尖編隊條形燈
116. 左側翼尖電子對抗設備/電子監視吊艙
117. 翼尖編隊條形燈
118. 左側航行燈
119. 電子設備冷卻沖壓空氣進氣口
120. 外側導彈掛架
121. 鈦合金前緣縫翼結構
122. 掛架硬連接點
123. 鈦合金前緣縫翼結構
124. 電線管道
125. 鉸接於升降副翼上的箔條/曳光彈發射器和控制器
126. 左側主輪支桿
127. 液壓收縮千斤頂
128. 安裝起落架的翼梁根部
129. 翼面多梁結構
130. 電線管道
131. 鉸接於升降副翼上的箔條/曳光彈發射器和控制器
132. 左側主輪
133. 主輪支桿
134. 液壓收縮千斤頂
135. 安裝起落架的翼梁根部
136. 外掛副油箱的內側掛架
137. 左側兩段式前緣縫翼，伸出狀態
138. 右側機翼根部的「毛瑟」27毫米機炮
139. 供彈槽
140. 橫向彈艙
141. AIM-120 AMRAAM中程空對空導彈
142. 歐洲導彈公司的「流星」先進視距外導彈
143. BL-755集束炸彈
144. AIM-9L「響尾蛇」短程空對空導彈
145. MBDA公司的 ASRAAM先進短程導彈
146. 三聯裝導彈掛載/發射器掛架適配器
147. GBU-24/B「鋪路石」III 2000磅（907千克）激光制導炸彈
148. MBDA公司的「風暴陰影」區域外發射精確攻擊武器
149. MBDA公司的ALARM反雷達導彈
150. 117型1000磅（454千克）減速炸彈

航電設備

歐洲戰鬥機經常以單座戰鬥機的形式出現——最先進的電氣化「玻璃」座艙，人機界面也要好過以往任何戰鬥機，高科技的航電系統與數字式的數據庫集成網絡相連接。毫無疑問，歐洲戰鬥機給人印象最深刻的特點之一就是它的座艙。第一手數據並不會直接顯示給飛行員。相反，所有的信息都經過系統的處理和綜合而成一幅「大圖片」——這些信息輸入是基於各種傳感器以及外接的多功能信息分佈系統（MIDS）。

由於採用了語音控制操縱桿（VTAS）系統，航電系統可以在飛行員工作負擔最輕的情況下正常工作，VTAS系統將手控節流閥控制系統（HOTAS）的輸入和直接語音輸入/輸出（DVI/O）結合起來了。理論上，DVI/O可以識別600個單詞，但是最初階段只能識別80個，以防潛在的語音識別困難造成事故。當MIDS和數據鏈連接時，DVI/O還將使飛行員只通過語音便能把對目標的分類和定位情況傳遞給編隊中的其他飛機。顯而易見，為了保證安全，武器使用和起落架收放仍需要手動操作。除了語音告警功能外，飛機還具備語音詢問功能，並提供語音回答。例如需要加油時，飛行員只需問「到X點還有多遠？」，系統就會回答，而不需要飛行員在顯示板上操作。

2001年2月，頭兩部標準生產型「捕捉者」（此前稱作ECR-90）雷達開始在歐洲戰鬥機上安裝使用——第一部交給了英國宇航系統公司，另一部交給了意大利阿萊尼亞公司。此前歐洲戰鬥機獲得了16部試生產型雷達，即所謂的C型，在DA4、DA5和DA6上進行測試。至

下圖：「捕捉者」雷達最初被稱做ECR-90，首次在BAC 1-11測試平台上進行飛行測試的是A型——A型在該型雷達的發展過程中扮演了重要角色。將來BAC 1-11測試平台可能會裝上用於第3批歐洲戰鬥機的AMSAR「電子掃瞄」天線。BAC 1-11前面的歐洲戰鬥機是DA4，DA4從一開始就安裝ECR-90進行試飛。

上圖和左圖：所有的信息都顯示在抬頭顯示器（HUD）、頭盔顯示器和3個多功能低頭顯示器（MHDD）上，當然歐洲戰鬥機的座艙還留有安裝更多「不用管」儀器的餘地。在第3批歐洲戰鬥機上，HUD將會消失，取而代之的是護目鏡型頭盔顯示器。圖中所示的是生產標準的歐洲戰鬥機座艙的模型。

2001年中，「捕捉者」在BAC 1-11測試平台上進行了400小時的飛行測試，飛行200多個架次。C型雷達於1996年在BAC 1-11測試平台上首飛，1997年2月25日在歐洲戰鬥機（安裝於DA5）上首飛。從一開始，該型雷達就展示出了出色的空對空性能，而且還具備很大的改進空間，在歐洲戰鬥機服役的前25年中，它將與歐洲戰鬥機所面臨的空中威脅並肩前行。此前曾提到，該型雷達於2001年初進行了7個架次的評估測試，其中一次任務是由德國的DA5對抗來自德國拉戈基地JG 73「施坦因霍夫」戰鬥機聯隊的16架F-4F和4架米格-29。在電磁干擾環境中，進行了一系列的迎頭和追尾交戰。在邊跟蹤邊掃瞄模式下，據稱該型雷達的性能相當出色。

按計劃，訂購的147部「捕捉者」雷達將安裝於148架首批生產型歐洲戰鬥機——其中一架飛機用於靜力測試。雷達是在英國宇航系統公司位於克魯・托爾工廠生產的，該工廠的生產能力是每月10部。與首批生產型戰鬥機一樣，第一批雷達也主要用於空對空作戰，雖然它們具有一定的空對面攻擊能力，分為地面移動目標跟蹤和海面搜索兩種模式。在歐洲戰鬥機服役的前兩年中，該型雷達的性能也會通過一系列的升級而得以提升。

DA4主要用於在地面進行輔助防禦子系統（DASS）的測試。該系統全自動化工作（飛行員有超越操作的權限），涵蓋了導彈告警和激光告警接收器；ECM/ESM位於左側翼尖吊艙中；拖曳式雷達誘餌，其中兩個位於右側翼尖吊艙中；箔條位於固定式外側機翼掛架後部；曳光彈位於襟翼導軌。德國和西班牙最初沒有參加研製DASS的歐洲聯營公司，後來才加入。因此，該套系統的配置也會根據客戶的要求而定。德國和意大利不要激光告警接收器，意大利還在研製採用「交叉眼」干擾技術的電子對抗設備來代替TRD。

武器系統

歐洲戰鬥機是一種機動性特別強的制空戰鬥機，它的設計目標就是滿足21世紀上半葉的作戰需要。它既可以進行全天候超視距作戰或近距離格鬥，也具備很強的對地攻擊能力。歐洲戰鬥機可以執行近距空中支援（CAS）、對敵防空壓制（SEAD）和海上攻擊任務，當然還包括空中封鎖。

在最初階段，歐洲戰鬥機只攜帶防空武器——傳統的AIM-9L「響尾蛇」和AIM-120B AMRAAM空對空導彈組合。當歐洲戰鬥機達到FOC以後，將使用先進短程空對空導彈（ASRAAM）和紅外成像系統一尾翼推進矢量控制（IRIS-T）空對空導彈代替AIM-9L。2000年以後，AIM-120B AMRAAM也將讓位給「流星」導彈。最初階段使用的空對面武器只有大型自由落體炸彈，但

左圖和下圖：安裝在前段機身左側（如左圖所示）的無源紅外機載跟蹤設備（PIRATE），是由Eurofirst公司（由意大利FIAR公司領頭的聯營公司）生產的，在低空飛行時PIRATE的功能相當於前視紅外系統（FLIR），空中格鬥時則相當於紅外搜索與跟蹤（IRST）設備。

是以後會逐步增多，包括為英國皇家空軍研製的「硫磺石」反裝甲導彈，以及ALARM反雷達導彈、「風暴陰影」和「金牛座」導彈。像康士伯公司的「企鵝」反艦導彈也將集成進來。

武器測試主要是在意大利的DA7上進行，這架飛機於1997年12月15日發射了一枚AIM-9「響尾蛇」導彈。兩天之後，又進行了AIM-120 AMRAAM的投擲試驗，AMRAAM是歐洲戰鬥機初始作戰配置時的主要超視距武器。從那以後，作為IOC階段的主要武器，「響尾蛇」和AMRAAM導彈的試射就在持續進行，因為主要是測試與制導武器相關的設備，所以測試主要集中於這兩個武器系統上。同時，至2001年中，空對地武器也在進行地面測試。如前面所述，由於IOC階段僅使用自由落體炸彈，所以空中測試也只投擲自由落體炸彈和集束炸彈，還有激光制導炸彈（LGB）。

2000年5月16日，英國國防部宣佈將購買歐洲聯營公司的「流星」超視距空對空導彈（AAM），結束了其與雷聲公司長時間的白熱化競標。「流星」採用了沖壓發動機，射程更遠，也能為末段攻擊保持最大的機動能量。「流星」所採用的導引頭和制導技術源自馬

下圖：如圖中所示，DA2的右側翼尖吊艙中安裝了兩個拖曳式雷達誘餌（TRD），這是輔助防禦子系統（DASS）的一部分。每個誘餌都鋼索拖拽，能夠將雷達制導導彈引離飛機。DASS的另一個關鍵部分是箔條撒布器外側掛架——圖中可見，位於左側機翼外側掛架後方。曳光彈則安裝在襟翼導軌下面。

特拉—英國宇航動力公司（MBD）的「米卡」導彈，法國的「幻影」2000-5和「陣風」戰鬥機都使用這種導彈。由於要在歐洲戰鬥機上進行測試和集成，六國的「流星」超視距空對空導彈（BVRAAM）集團希望把「米卡」導彈的服役期延長至2007—2008年。該計劃由英國領導，成員包括法國、德國、意大利、西班牙和瑞典。除了作為歐洲戰鬥機的主要超視距武器之外，「流星」還將裝備於「鷹獅」和「陣風」。研發過程中導彈安裝在BAe 125飛機上，而「捕捉者」雷達則安裝在BAC 1-11上。2002年5月，德國決定全心投入「流星」計劃，這使得該計劃的未來不再撲朔迷離。為了彌補歐洲戰鬥機和「流星」服役時間之間的空白期，英國國防部決定採購400枚AIM-120 B AMRAAM，再加上馬特拉—英國宇航動力公司（MBD）的ASRAAM，它們將是英國皇家空軍的

上圖和右圖：任務特點決定歐洲戰鬥機的武器配置，也決定著掛載副油箱的數量。圖中這架飛機攜帶了3個副油箱（機身中線下方1個1000升副油箱，兩翼下各1個1000升或1500升副油箱）。1998年6月17日，DA7進行了首次副油箱投擲試驗，當時它在超音速的情況下投擲了一個繪有照片校準標記的1000升副油箱（左圖）。較大的副油箱只在超音速飛行時使用。

上兩圖：圖中所示的是DA7於1997年12月15日進行的AIM-9L發射試驗（上圖）和兩天之後進行的AIM-120投擲試驗（下圖）。導彈發射試驗是在撒丁島的代奇莫曼努靶場進行的。

歐洲戰鬥機最初的導彈配置。德國準備使用IRIS-T短程導彈，但是最初階段也會同其他國家一樣，使用AIM-9L「響尾蛇」導彈。

2000年12月底，馬特拉－英國宇航動力公司（MBD）首次在「幻影」2000上進行了「風暴陰影」/SCALP EG遠程防區外發射導彈的試射。歐洲戰鬥機執行防區外精確攻擊任務時，將攜帶兩枚「風暴陰影」導彈。英國皇家空軍和意大利空軍都為自己的歐洲戰鬥機購買了「風暴陰影」導彈，希臘也為其「幻影」2000-5 Mk2戰鬥機購買了該型導彈，如果未來希臘決定購買歐洲戰鬥機的話，那麼希臘空軍的歐洲戰鬥機也將攜帶「風暴陰影」導彈。但是，德國卻選擇了KEPD-350「金牛座」防區外發射導彈。

儘管空中偵察也是歐洲戰鬥機的任務，目前還沒有國家明確表示需要該項能力。但是，隨著計劃的進行，如果需要該項能力，可以通過集成吊艙傳感器來實現。另一項任務是對敵防空壓制（SEAD），德國已經開始研製「阿米戈」導彈。圍繞「流星」展開的反輻射導彈也在計劃之中。

飛行特性

儘管強勁的新型發動機賦予了歐洲戰鬥機極佳的性能和機動性，但歐洲戰鬥機在設計上就具有重量輕的特點和先進的不穩定佈局。飛機在俯仰時尤其不穩定，如果沒有全權控制的四余度、數字式飛控計算機，飛機將在俯仰時迅速失控，並在幾秒鐘內解體。但是這也使得飛機在進行機動時具有最大限度的俯仰率。此外，數字式飛行控制系統（FCS）也使得控制翼面可以最小化，從而減輕機身重量和阻力。超音速時，飛機也具有偏航不穩定性。

1998年在范堡羅航展上，歐洲戰鬥機展示了任何以往戰鬥機都不曾具備的機動性，正是飛機的精密線傳飛控系統所提供的「不用操心」操縱品質使這種機動性成為可能。還要記住的是，此時歐洲戰鬥機不是在「最極端的情況下」飛行，因為飛機所安裝的飛控系統還只

上圖：所有13個外掛點都掛上了各種載荷，包括兩枚「風暴陰影」、兩枚ALARM、4枚「流星」、兩枚「鋪路石」LGB、兩枚ASRAAM和一個1000升副油箱。

上圖：英國皇家空軍用於奪取制空權的武器配置——4枚「流星」、兩枚ASRAAM和3個1000升超音速副油箱。

左圖：「流星」彙集了法國、德國、意大利、西班牙、瑞典和英國的導彈技術。這種採用沖壓發動機的導彈具有飛行速度快、射程遠的特點，可以用來填補AMRAAM的空白。

右圖：「鋪路石」激光制導炸彈是歐洲戰鬥機的第一批空對地武器。圖中可以看到AMRAAM空對空導彈。

左圖：在自由落體炸彈的選擇上，歐洲戰鬥機還可以攜帶BL-755集束炸彈，共可攜帶6枚（包括內側掛架下的雙聯裝掛架）。圖中這架飛機還攜帶了1個1500升外掛副油箱。

是第2A階段的水平，該系統將過載限制為7.25g，攻角（AoA）限制為28°。它還沒有安裝第2B1階段軟件包中的自動駕駛和自動節流閥技術。第2B2階段將使更高的過載、更大的攻角和包線擴展了的「不用操心」飛行控制系統成為現實，在IOC階段，飛機能夠飛出9g的過載，攻角也可高達30°。

僅依靠在航展上的表現來判斷一架戰鬥機的性能，可能太過草率，不過也有一定的道理。歐洲戰鬥機只是做了一些慣例飛行，不需要特點「減重」，也不需要在兩次機動之間積蓄能量——像其他戰鬥機製造商那樣，為了在航展上有出色的表現而刻意為之。當俄羅斯的米格-29和蘇-27分別於80年代末和90年代初展示出極大的攻角和過失速性能後，很多人指出尾沖、「眼鏡蛇」等動作的戰術意義非常有限。這是實話。但更重要的是，俄羅斯人之所以會這麼做，是因為他們對自己的飛機在飛行表演的高度所具有的大攻角操縱品質充滿信心。而且這也說明，這些飛機能夠迅速將機頭「離軸」，用導彈或機炮「咬住」敵機。

同樣，歐洲戰鬥機的大攻角速度矢量（HAV）翻滾在實戰中也將受限，因為低速時的減速機動需加倍小心。而且，在低速近距轉彎格鬥時，理智的飛行員會選擇「撤退」，而不是參戰，因為後果是無法預料的。HAV翻滾證明了歐洲戰鬥機具有迅速轉向能力，更重要的是，它讓飛行員對飛機的操縱品質充滿信心。換句話說，在任何情況下，歐

下圖：「硫磺石」反裝甲導彈是以AGM-114「地獄火」導彈為基礎研製的。使用三聯裝發射器的話，歐洲戰鬥機可攜帶18枚「硫磺石」。

洲戰鬥機的飛行員都敢進行最大限度的控制輸入，因為他們相信機載飛控計算機會妥善處理好。

獨立的分析表明，歐洲戰鬥機在低速轉彎格鬥時也能壓倒對手，如同在超視距作戰中那樣。不只是得益於大攻角和高過載性能，還得益於翻滾率、精密的頭盔瞄準/顯示系統、全面的短程武器和瞄準系統。此外，除了在近距轉彎格鬥時機動能力，歐洲戰鬥機的超音速機動性能也像亞音速機動性能一樣出色，瞬時盤旋率和穩定盤旋率也很驚人，而且具有很好的加速性能。在攜帶副油箱、4枚AIM-120和兩枚AIM-9或ASRAAM時，從地面滑跑算起，歐洲戰鬥機能夠在7秒鐘之內升空，滑跑距離只有1400英尺（427米）。從地面滑跑到升至35000英尺（10668米）的高度，飛機也只需耗時兩分半鍾——速度為1.5馬赫的情況下。

載荷較少時，歐洲戰鬥機的推重比可到達1：1，在不開加力的情況下，從200節（370千米/小時）加速至1馬赫只需30秒——而且是只用一台發動機！此外，歐洲戰鬥機在攜帶6枚空對空導彈時，不用加油門也能維持超音速飛行。即便安裝的是RB-199渦扇發動機，歐洲戰鬥機的飛行速度也能超過兩馬赫。還要記住的是，歐洲戰鬥機不是「閃電」（犧牲航程和掛載能力來實現機動性）的再版。在攜帶空對空武器配置時，歐洲戰鬥機的航程接近於帕那維亞的「狂風」F.Mk3。

在執行空對面攻擊任務時，歐洲戰鬥機能夠攜帶兩倍於歐洲戰鬥教練機和戰術支援飛機製造公司（SEPECAT）

的「美洲虎」，而在載荷/航程方面，歐洲戰鬥機接近於「狂風」戰鬥轟炸型（IDS）。一些小的改進已經在考慮之中，例如保形油箱，它能使歐洲戰鬥機的載荷和航程接近於美國空軍以前裝備的F-111「土豚」，而機動性卻比新型的F-35還要好。

生產訂單

有關生產和支持的諒解備忘錄（MoU）簽署於1997年12月22日；1998年1月30日，歐洲戰鬥機股份有限公司與北約歐洲戰鬥機和「狂風」管理局（NETMA）簽署了正式合同，NETMA是代表各國軍方客戶簽署的合同。合同規定，共向意大利空軍（AMI）、西班牙空軍（EdA）、德國空軍（Luftwaffe）和英國皇家空軍交付620架飛機。

1998年9月，當飛機被正式命名為「颱風」（為了向外出口）之後，增補訂單就簽署了。這其中包括了第1批次的148架固定價格的飛機——只使用基本的武器配置，優化防空能力，空對面攻擊能力有限。還包括363台EJ200發動機。組裝工作分別在4個合作國家的4家生產工廠內進行，它們有不同的分工，因為所有部件的製造都是單一的。英國宇航系統公司負責生產機身前段、鴨翼、機身背部、垂尾、內側縫翼和機身後部的一部分；德國戴姆勒·克萊斯勒航宇公司負責製造機身中段；意大利阿萊尼亞公司負責左側機翼和外側縫翼；西班牙航空製造有限公司負責右機翼和前緣襟翼。在分工方面，英國因232架飛機訂單（預定生產數量的37.5%）而獲得了37%的分工。德國因180架飛機訂單（預定生產數量的29%）而獲得了30%的分工。意大利因121架飛機訂單（預定生產數量的19.5%）而獲得了19%的分工。西班牙的87架飛機訂單占預訂數量的14%，因而得到了同樣比例的分工。

歐洲戰鬥機是在世界上最先進的飛機製造廠中生產和組裝的，利用了最先進的「精益製造」技術。裝配線分別位於英國沃頓（英國宇航系統公司）、德國曼興（歐洲宇航防務集團下屬的德國戴姆勒·克萊斯勒航宇公司）、意大利伽塞雷（阿萊尼亞公司）和西班牙格塔菲（歐洲宇航防務集團下屬的西班牙航空製造有限公司）。採用多家工廠進行生產的方式有助於提高靈活性和效率，而且高度靈活的電腦輔助設計/製造（CAD/CAM）使得生產線的建立也更為容易——如果海外客戶有此需求的話。1998年12月，第1批生產型飛機的零件開始組裝。

為了保持生產過程的經濟性和持續性，專門制定了精細的交付時間表，以最大限度地提高部件在生產地和裝配線之間的運輸效率。採用了準時的概念，部件會準時送達要送達的裝配線，專門的運輸卡車也基本不會空駛。例如，一輛運輸機身前段的卡車從英國沃頓的英國宇航系統公司到達德國曼興的戴姆勒・克萊斯勒航宇公司，當它從德國返回時，會把機身中段運回英國沃頓。2000年底，第1批部件開始運至裝配線——每一條裝配線都在最先進的飛機製造廠中。例如，英國沃頓的第302號飛機棚（以前是「狂風」的裝配線），採用了精密的自動化激光直線對準設備（西班牙航空製造有限公司的裝配線也採用了同樣的設備）。進行機身各段對接時，機身的3個主要部分將固定在3個由電腦控制的千斤頂上。每一段都會有激光跟蹤光學標記，並將信號輸入給電腦，電腦控制各個部分進入精確的對接位置。完成對接之後，已經組裝好的部分進入下一個環節，進行系統和設備的安裝。第3個環節是負責客戶接收、噴漆和進行接收環節的3個飛行架次（平均數）的表面處理工作。沃頓的工廠一次可應付15架的任務。第1批生產型飛機，即IPA1，組裝時間超過了1年，扮演了「豚鼠」的角色，一旦積累了生產經驗，裝配線可在16個星期內將20架飛機從零件變為成品。沃頓的巔峰生產能力大概能達到每月生產4.5架，還為可能的出口任務工作保留了一定的生產能力。

單從訂單情況來看，歐洲戰鬥機要

下圖：德國曼興的起飛線上一字排開是歐洲戰鬥機DA1和它在德國空軍中所要代替的3種機型——米格-29、「狂風」IDS和F-4「鬼怪」。實際上，圖中這架「鬼怪」是希臘的，由歐洲宇航防務集團下屬的德國戴姆勒・克萊斯勒航宇公司負責進行升級。

上圖：沃頓為試飛計劃製造的第2架歐洲戰鬥機，是一架用於操縱測試和雷達集成的雙座機。DA4首飛於1997年3月14日。

領先於其他進入生產階段的「超級戰鬥機」——包括F-22在內（美國空軍訂單339架）。或者說，歐洲戰鬥機計劃佔了先機。無疑，距離它最近的競爭對手是法國的「陣風」，「陣風」的生產速度非常緩慢，而且是小批次生產。此外，歐洲戰鬥機的4條裝配線可以保證足夠的生產能力以供出口——如果能得到海外訂單的話。

到目前為止，美國的飛機製造商通過大量的本土訂單保證規模經濟，因此可以向海外客戶提供較低的單位成本——必然的飛機日常損耗和「補充」又可以保證生產線的開啟時間比預期時間要長。現在，只有洛克希德・馬丁公司的F-35似乎會大批量生產，美國和英國大概會採購3000架，還可能從其他盟友和合作夥伴那裡獲得訂單。除了4個合作研製的國家之外，還有一些國家對歐洲戰鬥機感興趣，再加上合理而有競爭力的價格，歐洲戰鬥機「颱風」的前景看起來還不錯。而且，這種興趣在歐洲戰鬥機尚處於混亂和困擾的研發時期就已經出現了。

第1批次的148架飛機，其中52架是雙座機，用於4個合作國家的空軍的最初訓練。後面兩個批次，每個批次的236架飛機（分別還有519台和500台發動機）將會擴展空對面攻擊能力。一切還有待驗證，不過第3批次的飛機將具備多用途能力，還會採用一些新技術。確定的訂單共計620架飛機和1382台發動機，另外還有一個可供選擇的批次——90架。

第1批次的交付任務包括，向英國皇家空軍提供55架歐洲戰鬥機，德國空軍44架，意大利空軍29架，西班牙空軍20架，另有一架用於地面靜力試驗。在這些飛機中，前5架下線的飛機將被稱為裝

測試設備生產型機（IPA），也會加入原來由7架飛機組成的試飛梯隊，用於各種測試。而IPA只會採用過渡性作戰能力配置，在生產線上進行組裝，還將安裝測試設備。但是IPA落後於進度了，前3架

上圖：最令人吃驚的原型機當屬DA2，它全身都被塗成黑色，是為了遮掩用於氣壓測試的黑色的氣壓墊（主要位於機身右側）。

IPA於2002年4月陸續升空，時間如下表所示：

編　號	公　　司	布　局	首飛時間
IPA1	英國宇航系統公司	雙座型	2002年4月15日
IPA2	意大利阿萊尼亞公司	雙座型	2002年4月5日
IPA3	歐洲宇航防務集團下屬的德國戴姆勒·克萊斯勒航宇公司	雙座型	2002年4月8日
IPA4	歐洲宇航防務集團下屬的西班牙航空製造有限公司	單座型	2002年中
IPA5	英國宇航系統公司	單座型	2002年中

為了給最初生產配置的驗證試驗湊足10架飛機，5架原型機（從DA3到DA7）將逐步改進到IOC標準。

從所有計劃中的3個批次來看，英國皇家空軍共將接收232架歐洲戰鬥機（另有65架可供選擇），其中55架是第1批次的生產型（37架單座型和18架雙座型）。總體來看，單座型的數量是195架，雙座型的數量是37架，其中的雙座型主要用做教練機。英國皇家空軍將用歐洲戰鬥機優先代替80架左右執行防空任務的「狂風」F.Mk 3，首批交付

日期是2002年6月。但是根據「白色方案」計劃，首批飛機仍然會留在沃頓，因為在那裡成立了一個作戰評估中隊（OEU）——第17中隊。12架飛機將以那裡為基地。

2004年，第一個作戰轉換中隊（OCU）——第29中隊成立於科寧斯比。OEU也搬到了林肯基地，並於2005年1月在那裡組建了第一個前線作戰中隊。而在科寧斯比的「狂風」F.3 OCU則搬往盧赫斯基地，為歐洲戰鬥機OCU騰出地方。利明基地於2005—2006年間接收歐洲戰鬥機，盧赫斯基地則從2008年開始。而那時，「狂風」F.Mk 3開始退役。更多的擴展了多用途能力的歐洲戰鬥機將代替科爾蒂瑟爾基地的「美洲虎」，不過具體基地還沒有指定。

德國空軍計劃購買180架歐洲戰鬥機——147架單座型和33架雙座型，暫時沒有增購計劃。2003年1月，歐洲戰鬥機加入德軍序列時，優先裝備的是德國拉戈基地的JG 73「施坦因霍夫」戰鬥機聯隊，該聯隊以前的裝備是一個中隊的F-4F和一個中隊的米格-29。被替換下的F-4F「提高戰鬥效能（ICE）」型飛機則轉交給了其他裝備「鬼怪」的聯隊。歐洲戰鬥機的換裝順序如下：2005年年底紐伯格基地JG 74戰鬥機聯隊，2007年年初維特蒙德基地JG 71戰鬥機聯隊，2010年中維特蒙德基地JG 72戰鬥機聯隊（但是JG 72戰鬥機聯隊於2002年年初解散）。

計劃要求在2010年前完成140架防空優化型飛機的交付任務，剩餘的40架飛機則是第3批次生產型。這40架飛機將會具備全面的多用途能力，以代替德國空

下圖：DA1和DA2在一前一後飛行。在所有7架原型機中，有5架是單座型。英國和西班牙製造了那兩架雙座機。

上兩圖：DA1打開減速傘的同時，機頭仍保持向上的姿勢——氣動剎車。歐洲戰鬥機的飛行控制系統（FCS）經過了多次改進，第3階段對應的是歐洲戰鬥機的IOC階段。第4階段使歐洲戰鬥機具備空對面攻擊能力。歐洲戰鬥機具有偏航時穩定、橫滾時正常、俯仰時不穩定的特點。

軍老舊的「狂風」戰機。但是，德國空軍後來決定重新評估採購計劃，並將其裝備的40架飛機既用於對地攻擊，也用於防空——可能將訂單內的多用途型飛機的數量增加一倍。在第1批生產型中，德國將接收28架單座型和16架雙座型。在第2批生產型中，接收58架單座型和10架雙座型；在第3批生產型中，接收61架單座型和7架雙座型。第2批生產型（2005年10月）使用的軟件將使其具備空對面攻擊能力，在2011—2014年交付的第3批生產型則將具備全面的「可變任務」能力。

意大利空軍共接收121架歐洲戰鬥機（105架單座型和16架雙座型），其中第一架（是一架雙座型）將於2002年7月交付。另有9架可供選擇。意大利空軍計劃裝備5個戰鬥機大隊和1個作戰轉換中隊，在它們所屬的3個聯隊中，每個中隊將獲得15架飛機。剩餘的飛機用於儲備，有資格使用歐洲戰鬥機的部隊由官方指定。第一支裝備歐洲戰鬥機的部隊是來自格羅瑟托基地的第4聯隊的一個中隊，2004年2月完成換裝。另外兩個獲得歐洲戰鬥機的聯隊分別是喬伊亞德爾科萊基地的第36聯隊和特臘帕尼基地的第37聯隊。

西班牙空軍的歐洲戰鬥機被稱做C.16「颱風」（CE.16是雙座型），共接收87架，另有16架可供選擇。歐洲宇航防務集團下屬的西班牙航空製造有限公司的DA6原型機則被稱為XCE.16，由位於托雷洪的空軍後勤與裝備試驗中心（CLAEX）使用。2003年年底，第1批生產型飛機交給了格塔菲（歐洲宇航防務集團下屬的西班牙航空製造有限公司的機場，在馬德里附近）的訓練中隊，該公司為作戰轉換中隊提供6名骨幹教員。第1批生產型飛機的交付情況是：2002年2架，2003年4架，2004年8架，2005年6架——共計20架。2006—2009年開始第2批生產型飛機，每年接收7架，2010年接收5架，西班牙接收的第2批次生產型飛機共計33架。第3批次接收的飛機數量為34架，於2010—2015年交付，屆時將完成西班牙87架的訂單（其中16架是雙座型）。

西班牙第一支裝備歐洲戰鬥機的部隊是莫龍基地的作戰轉換中隊（OCU）——由第11聯隊第113中隊擔任——2004年1月改裝。該中隊將裝備7架雙座型和8架單座型。第一支裝備歐洲戰鬥機的前線作戰部隊是第11聯隊第111中隊，據稱裝備了18架歐洲戰鬥機，2007年形成戰鬥力。2010年，該聯隊的第3個中隊形成戰鬥力，即第112中隊，也是裝備18架歐洲戰鬥機。第11聯隊的「幻影」F1被51架C.16/CE.16代替了。剩餘的36架歐洲戰鬥機分配給第14聯隊的第141中隊和第142中隊。該聯隊位於盧斯・拉諾斯，以前裝備的也是「幻影」F1，2008—2009年開始接收新飛機，2015年完成全部換裝工作。

英國皇家空軍一直在研究如何改進訓練方式，使飛行員盡快適應歐洲戰鬥機和以後的下一代戰機。當時英國皇家空軍70%的快速噴氣式飛機的飛行員都是駕駛雙座型飛機，而未來英國皇家空軍的飛機大都是單座機——至少歐洲戰鬥機服役時如此。為了培養新式飛機的骨幹飛行員，很多「狂風」F.Mk 3的飛行員開始在「美洲虎」和「鷂」上重新接受培訓，以獲得單座機飛行和對地攻擊作戰的經驗。而一些「美洲虎」和「鷂」的飛行員則被送往裝備「狂風」F.Mk 3的部隊，以獲得防空作戰飛行、

上圖：從這個角度看，歐洲戰鬥機的進氣道確實很大。由於進氣道周圍使用了雷達吸波材料（RAM），使得歐洲戰鬥機的前視雷達截面（RCS）非常小。從這個角度來看，它也算是隱形戰機了。

超視距空戰和雷達、聯合戰術信息分佈系統（JTIDS）等相關係統的使用經驗。如果快速噴氣式飛機飛行員缺乏的情況仍未改善，英國皇家空軍甚至可能讓「狂風」F.Mk 3的導航員重新接受培訓——將其培訓為飛行員。

歐洲戰鬥機股份有限公司正式向4個合作夥伴國以外的客戶推銷歐洲戰鬥機的努力失敗了，不過說實話，阿拉伯聯合酋長國本來就不大可能成為客戶。這種失望情緒沒有持續多久。在競爭力方面，歐洲戰鬥機比F-22有優勢，因為F-22不但價格高昂，而且因為技術敏感而受到出口限制。即便有個別美國的盟友可以獲得F-22，但是它們要麼等不了那麼久，要麼買不起。有人說，從價格上來看，F-35可以成為歐洲戰鬥機的代替品，但是如果考慮到歐洲戰鬥機所有執行的任務，F-35恐怕不能勝任代替品的位置。不過，F-35由於性功能比較全面，承諾的價格比較低，因此適合那些只需要一種機型的國家。另一方面，F-35的精密性不如歐洲戰鬥機，特別是在防空方面。

儘管歐洲戰鬥機是由德國、意大利、西班牙和英國（最為重要）共同投資研製的，但是它也具有向其他地區出售的潛力，儘管要面對「陣風」，以及F-15、F-16、F-18和蘇-35先進改進型的激烈競爭。對於2010年以後才需要購買戰鬥機的國家來說，F-35和有可能出現的F-22出口型無疑具有巨大的吸引力。但是從時間上考慮，歐洲戰鬥機在它們投入市場前還有為期幾年的時間窗口，4個合作夥伴國當然會好好利用。最初的市場開拓當然是根據4個國家各自的傳統紐帶和以前的客戶，因此，英國宇航系

上圖：歐洲戰鬥機「颱風」

「颱風」最初主要扮演的角色集中在空優方面，4個合作夥伴國對它渴望已久。在歐洲戰鬥機服役以前，由於該型飛機的服役期一再推遲，這4個國家的防空能力已經落後於最先進的水平。在這4個國家中，西班牙（它所裝備的「大黃蜂」經過了升級）的情況還算好點，而德國（F-4和米格-29）、意大利（F-104和租借的F-16）和英國（「狂風」F.Mk 3）則急切需要新型戰鬥機。一旦作為戰鬥機的用途實現，就會開發它有限的空對地攻擊能力，不過全部的多用途潛力要到2010年左右面世的第3批次「颱風」才能實現。

立——4個合作夥伴在這家新公司中所持有的股份與它們在整個歐洲戰鬥機計劃中所佔的份額一致。每一個合作夥伴都負責尋找購買興趣，只需做到「徵求報價」的層次，此時EFI接手，後續與合同簽訂有關的交易和供貨渠道都由EFI負責。為了保證有效的銷售，此前歐洲戰鬥機計劃各合作公司的銷售團隊仍要繼續執行進行中的交易，但是要聽從EFI指揮。歐洲歐洲戰鬥機的主要銷售努力都放在以下市場上。

澳大利亞：由於北部幾個國家的技術裝備相對提升，澳大利亞制訂了購買代替現役F/A-18「大黃蜂」（通過使用先進短程空對空導彈和先進中程空對空導彈對其進行了升級）的新型戰鬥機的計劃。1998年開始「徵求報價」，2000年出台了「空中計劃6000」。計劃中預測，澳大利亞空軍於2012年以後將需

上圖和右圖：第一眼看到歐洲戰鬥機的進氣道，一定會誤以為有很強的雷達反射。但是，可以看出它有很明顯的向上彎曲，發動機風扇躲在後面，迎頭方向的雷達不會直接照射到它。上方有一個凸起的分流板，可以將機身周圍的附面層除去，而下方則有一個較低的襟翼，可以在大攻角和低速飛行時提高進氣效率。

統公司會遊說澳大利亞、新加坡和中東地區，而德國戴姆勒・克萊斯勒航宇公司則負責歐洲地區的推銷；西班牙航空製造有限公司的主要市場方向是韓國、南非和土耳其；意大利阿萊尼亞公司則將遊說巴西。

1999年11月，專門從事「颱風」對外銷售的歐洲戰鬥機國際公司（EFI）成

要75架新型飛機，以保衛自己的北部領空。2020年以後，還需要25架攻擊機，以代替現役的F-111。如果一種飛機能夠同時完成這兩項任務，這無疑將很有意義。「颱風」就是競爭者之一，其餘還有「陣風」、「超級大黃蜂」和改進型「攻擊鷹」。

巴西：意大利阿萊尼亞公司與巴西航空工業公司因為AMX計劃而建立了聯繫，這意味著阿萊尼亞公司將主導向巴西推銷「颱風」的任務，而巴西空軍也需要新型戰鬥機。

希臘：作為歐洲戰鬥機的首個國外客戶，希臘政府於1999年2月宣佈，將至少購買60架「颱風」，合同價值102億美元，另有30架可供選擇。在最初的交易中，從2001年開始，希臘通過年度分期付款的方式，以保證2006年10月能夠接收飛機。2000年3月8日，採購意向得以確認；但是在2001年1月，希臘要求延期付款。2001年3月29日，希臘宣佈交易將推遲到2004年以後，以便為大量的社會項目和2004年舉辦奧林匹克運動會籌措資金。儘管延期了，希臘官方仍然宣佈最終將會採購「颱風」，但是很多評論家指出，這越來越不可能了。

荷蘭：荷蘭空軍（KLu）已經決定在21世紀的第一個10年內購買100架左右的戰鬥機，來代替現役的F-16AM/BM戰鬥機。1999年6月，歐洲戰鬥機得到了「徵求報價」咨詢，2000年4月，荷蘭空軍參謀長試駕了DA4。2001年初，北約歐洲戰鬥機和「狂風」管理局（NETMA）邀請荷蘭政府參加歐洲戰鬥機計劃，試圖讓荷蘭遠離美國的JSF計劃。而且一旦荷蘭加入歐洲戰鬥機計劃，那麼它得到的就是預計於2010年左右服役的第3批次增強型歐洲戰鬥機。但是，2002年2月，荷蘭內閣宣佈荷蘭以合作夥伴的身份加入

下圖：在撒丁島代奇莫曼努，意大利的DA3正帶領兩架德國飛機（DA1和DA5）進行編隊試飛。DA3是第一架安裝EJ200發動機飛行的歐洲戰鬥機，用於進行各種掛載試驗，包括1999年進行的自由落體炸彈投擲試驗。意大利計劃裝備5個戰鬥機大隊和1個作戰轉換中隊的歐洲戰鬥機，共訂購了121架飛機。

F-35的系統發展與驗證（SDD）計劃，並提交國會批准。但是由於內閣辭職和總理選舉，關於F-35的討論也被擱置，歐洲戰鬥機也重新得到了競標機會。即便荷蘭空軍不購買「颱風」戰鬥機，飛利浦、希格諾爾和斯多克等荷蘭公司也會成為歐洲戰鬥機的零件生產商。

挪威：這個國家是歐洲宇航防務集團下屬的戴姆勒・克萊斯勒航宇公司的主要遊說對象。為了替換老舊的F-5和F-16機群，挪威皇家空軍仔細考察了「颱風」、「陣風」和改進型F-16（Block 50N），服役時間「不遲於2006年」。「陣風」後來退出了競標。初步計劃是採購20架新式飛機替換諾斯羅普公司的F-5，另有10架備選。挪威對「颱風」進行了評估，包括1998年6月DA5訪問挪威青苔空軍基地，當時DA5在當地的加固型飛機掩體中進行適應性試驗。10月向NETMA派出了一名聯絡官，1998年12月和1999年8月挪威飛行員駕機進行了飛行。2000年5月，在最終決定即將作出之時，勞動黨政府卻決定擱置競標計劃。

2001年2月，挪威政府又宣佈了新一輪的大規模經費削減，準備把挪威皇家空軍的戰鬥機削減至48架F-16的水平，儘管空軍一直抗議說至少需要62架戰鬥機。同時，挪威政府宣佈將重啟戰鬥機更換計劃，但是不會在挪威皇家空軍所提出的2006年「最後期限」前按時完成。2001年3月，選擇似乎要在JSF和第2或第3批次「颱風」之間作出，但是如果重新進行評估的話，那麼JSF和「颱風」就要重新與F-16、「陣風」、「鷹獅」等戰鬥機進行競標。修訂過的計劃要求在2008年以後採購48架飛機，為了分攤

下圖：西班牙唯一一架原型機，DA6，進行了大量雙座型操縱性能試驗，包括「不用操心」操縱性。它還參加了在莫龍進行的熱帶氣候測試，以及環境控制系統的驗證，這些測試是由西班牙航空製造有限公司主導進行的。

成本，需要分成兩批採購，每批24架——2008—2010年採購第1批，2015—2018年採購第2批。另有1個批次（12架）備選，這樣一來全部採購數字就接近於挪威皇家空軍的要求，但是這取決於經費是否夠用。

由於挪威採購計劃的推遲，F-35獲勝的可能性再次升高，而洛克希德・馬丁公司也極力促成挪威政府參加JSF計劃。與此同時，丹麥於2002年底宣佈加入JSF計劃，並成為第3級合作夥伴，比利時和荷蘭也被反覆遊說。美國飛機製造商希望向這4個（挪威、丹麥、比利時和荷蘭）購買過F-16的國家進行所謂的「世紀營銷」。但是如果挪威選擇了歐洲戰鬥機，挪威的航空工業也就有機會參與歐洲戰鬥機的生產製造，成為設備生產商之一。康斯伯格國防與宇航公司（KDA）已經與英國宇航系統公司簽訂合同，為歐洲戰鬥機生產複合材料的方向舵和縫翼。

波蘭：前東方陣營成員國，於1999年6月發出了60架戰鬥機的長期「徵求報價」（RFI），歐洲宇航防務集團下屬的戴姆勒・克萊斯勒航宇公司作出了回應。但是價格更為便宜的「鷹獅」或F-16更有希望中標。

沙特阿拉伯：英國宇航系統公司極力向沙特阿拉伯推銷歐洲戰鬥機，但是沒有得到明確的需求或時間保證，因為沙特阿拉伯官方沒有宣佈需要新型空優戰鬥機。一切都還是空中樓閣。

新加坡：新加坡共和國於1999年底發出了20～40架空優戰鬥機的「徵求報價」（RFI），歐洲戰鬥機是競標者之一。英國宇航系統公司負責推銷工作。據說引起新加坡濃厚興趣之處在於，飛行員和地勤人員都可以在英國沃頓接受培訓，即英國皇家空軍所謂的「白色方案」計劃。

詳細參數

翼展	35英尺11英吋（10.95米）
機身長度	52英尺4英吋（15.96米）
高度	17英尺4英吋（5.28米）
機翼面積	538.21平方英尺（50.00平方米）
機翼展弦比	2.205
鴨翼面積	25.83平方英尺（2.40平方米）
空重	21495磅（9750千克）
最大起飛重量	46297磅（21000千克）
最大速度（36090英尺米高度不攜帶武器）	1321英里/小時（1147節）
最大爬升率	保密
實用升限	保密
作戰半徑	288～345英里（463～556千米）
過載	+9g至-3g
座艙	單座，馬丁—貝克的零—零彈射座椅
發動機	兩台歐洲噴氣發動機公司的EJ200加力渦扇發動機，每台發動機淨推力13490磅（60.00千牛），開加力時推力20250磅（90.00千牛）
武器	1門27毫米「毛瑟」BK27機炮； 短程空對空導彈； 中程空對空導彈； 空對面導彈； 反雷達導彈； 制導和非制導炸彈； 機炮安裝於機身右側； 其餘武器掛載在9個機翼下掛架和4個機身下導彈發射架。 所有的武器載荷超過14000磅（大約6500千克）

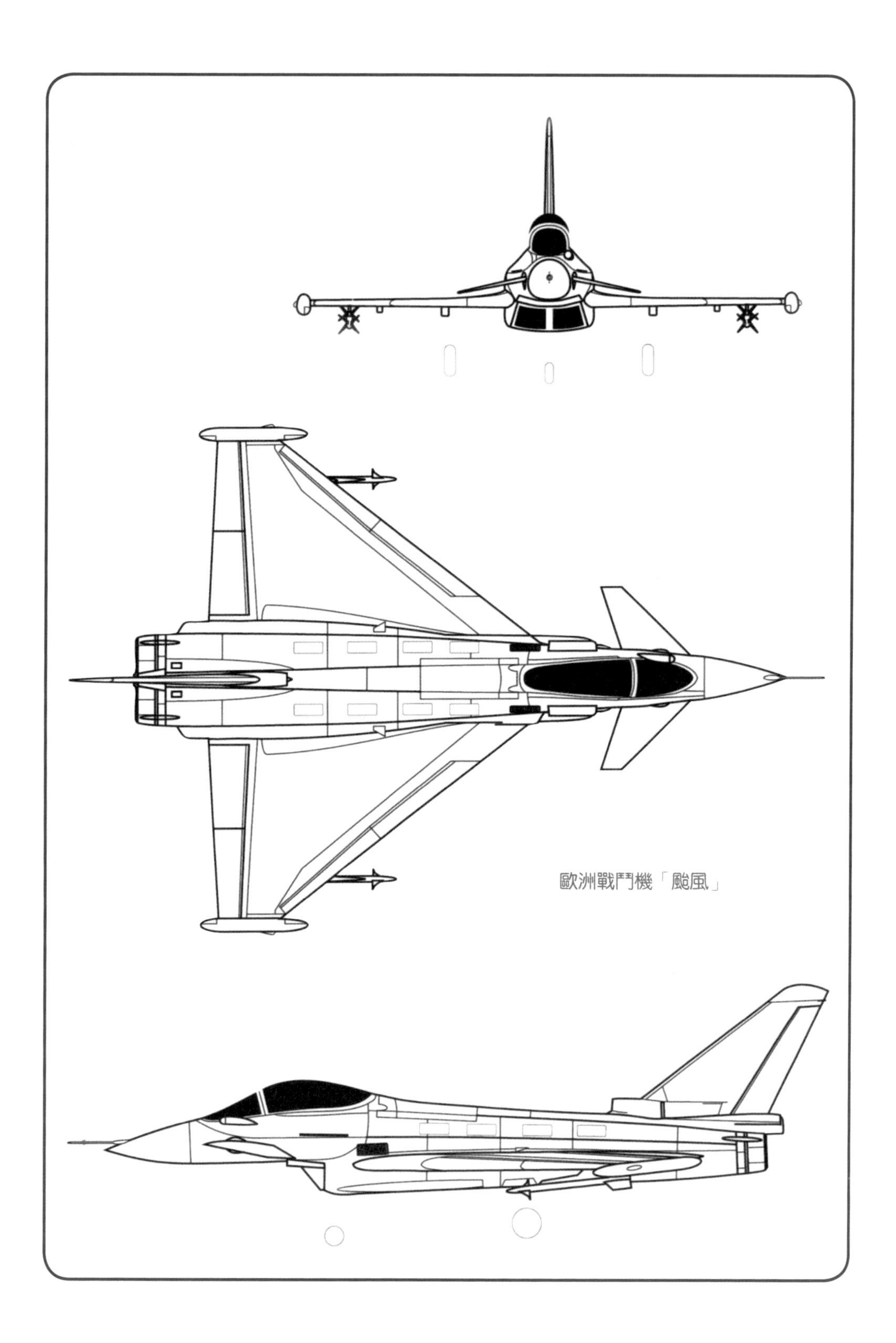
歐洲戰鬥機「颱風」

下圖：德國空軍正在重新評估最初方案——它所採購的180架歐洲戰鬥機中只有40架既具備空對地攻擊能力又具備防空能力，可能會將多用途型的數量翻一番，而總的採購數量不變。在第1批生產型中，德國將接收28架單座型和16架雙座型；在第2批生產型中，接收58架單座型和10架雙座型；在第3批生產型中，接收61架單座型和7架雙座型。JG 73「施坦因霍夫」戰鬥機聯隊將是第一支裝備歐洲戰鬥機的部隊，於2003年開始用歐洲戰鬥機替換以前裝備的F-4F和米格-29。JG 74戰鬥機聯隊隨後。2007年以後，JBG 31戰鬥轟炸機聯隊（位於訥爾沃尼希空軍基地）也用歐洲戰鬥機代替以前的戰鬥轟炸型「狂風」。圖中這架飛機的機身下方畫一個假的座艙，這是為了在近距離格鬥時迷惑敵方飛行員。

戰機4　薩伯「鷹獅」

上圖和下圖：JAS39B是「鷹獅」的雙座型，目前作為教練機使用。儘管沒有安裝機炮，但是它具有完整的空戰能力，空對地攻擊等額外任務也可能陸續增加。如果安裝上反雷達導彈，對敵防空壓制（SEAD）也理所當然。瑞典空軍於2006年至2007年要求「鷹獅」具備這些武器的使用能力。

研製與試飛

自從薩伯JAS39「鷹獅」於1988年首次升空之後，它就成了瑞典防空力量的中流砥柱。「鷹獅」最初研製目的是為了滿足瑞典空軍對第4代戰鬥機的需要，但是後來逐漸進化成一種多功能「可變任務」作戰飛機——「可變任務」是指

一種多用途飛機在一次任務期間可以擔任多種角色。如同它在服役期間所展示出的那樣，「鷹獅」能夠很好地達到這種需要。例如，在「鷹獅」的四機編隊日常訓練中，起飛執行地空對地攻擊任務和進行空中偵察，而在返回基地之前可能還要擔任空對空任務。

「鷹獅」計劃的研製時間正值冷戰期間，執行不結盟政策的瑞典要尋找一種新型戰鬥機代替「龍」和「雷」。最初瑞典仔細考察過很多國外機型，包括（當時的公司）通用動力公司的F-16「戰隼」和麥克唐納・道格拉斯公司的F/A-18「大黃蜂」。但是瑞典政府決定研製自己的飛機，因此瑞典飛機公司（簡稱薩伯公司）也就有機會繼續延續自己源遠流長的戰鬥機生產製造傳統。這對於一個人口只有800萬的國家來說，在技術上和經濟上都有不小的挑戰。「鷹獅」計劃在80年代和90年代經歷了多次挫折，但最終存活下來了。

薩伯公司成立於1937年4月2日，研製過13種型號的飛機，總數超過4000架，其中大多是為瑞典空軍量身定做的。瑞典長期堅持武裝中立政策，可能也與本國航空工業傑出的研發能力有關——對國外技術的依賴性不大。50多年來，瑞典空軍使用的飛機和導彈都是薩伯公司製造的——像薩伯29「圓桶」、薩伯32「矛」、薩伯35「龍」和薩伯37「雷」這些戰鬥機。現在，瑞典可能算是世界上最小的能夠製造現代化作戰飛機的國家，而它所製造出的飛機能夠匹敵比它大很多的國家的飛機。

1979年底，瑞典政府（瑞典國會）開始了戰鬥/攻擊/偵察機（JAS）的研製。JAS要在一個平台上扮演這3種角色，薩伯公司回顧了大量的以往設計。最後2105計劃（後來改稱2108計劃，最後稱為2110計劃）被瑞典國防裝備管理局（FMV）推薦給了瑞典政府。該計劃是要研製一種不穩定、輕型、單座、單發、線傳飛控、三角翼加全動鴨翼的飛機。最初計劃安裝18000磅（80千牛）的RM12加力渦扇發動機——由瑞典沃爾沃航空發動機公司生產的改進升級型通用電氣F404-400發動機。1982年6月30日，FMV簽署了5架原型機和第1批30架飛機的合同。

1988年12月9日，第一架原型機（編號39-1）進行了首飛，由試飛員斯蒂格・霍姆斯特姆駕駛。此前他已經在JAS39模擬器上進行了1000多個小時的訓練。但是在綜合試飛計劃中，該飛機所採用的先進線傳飛行控制系統（FCS）和不穩定設計佈局卻引發了嚴重的問題。1989年2月2日的第6次試飛中，39-1號機在林雪平基地降落時墜毀。幸運的是，試飛員拉斯・羅德斯壯在這次事故中倖免於難，只摔折了一條胳膊——但是這卻導致了計劃的重大延誤。

詳細分析表明，這次意外是由於FCS中俯仰控制程序的缺陷引發了飛行員誘導震盪（PIO）。薩伯公司與美國卡爾斯潘公司合作改進了控制軟件，並在改造過的洛克希德NT-33A上開發FCS的性能。15個月後「鷹獅」的試飛計劃得以繼續進行，大致跟上了進度表；但是1993年8月18日，編號39102的生產型飛機在斯德哥爾摩上空進行飛行表演時墜毀。在一次橫滾改出時，羅德斯壯失去了對飛機的控制，6秒鐘之內，「鷹獅」

右圖和下圖：儘管國家很小，瑞典的航空工業卻在世界上處於領先地位，擁有新一代航電設備、武器開發和先進的飛機設計能力。作為主角，薩伯公司因其富有特色的戰鬥機生產線而贏得了巨大的聲譽。與JAS39A一起編隊飛行的是薩伯J35「龍」（前面）和薩伯J37「雷」（後面）。與它的前輩們不同的是，「鷹獅」是真正意義上的多用途飛機——並在不斷改進，據稱可以滿足瑞典空軍的全部期望。

在極為危險的低空熄火了。羅德斯壯別無選擇，只好棄機跳傘。他安全彈射了，更為神奇的是，當「鷹獅」墜毀在城市中心的一個小島上時，地面上也沒有人傷亡——在成千上萬觀眾面前墜毀。

薩伯公司後來宣佈這次事故是由於FCS將操縱桿指令過於放大，再加上飛行員快速和頻繁地使用操縱桿。試飛再次中止，直到1993年12月FCS的缺點完全解決。由於沒有外部經驗可供借鑒，薩伯公司開始尋找和解決其他任何航空公司都沒有面臨過的難題。第一次墜機事故後，薩伯公司就在卡爾斯潘公司的測試平台上再現了事故。薩伯公司重新改寫了FCS軟件。第二次墜機事故則直接指向了特定的問題。儘管事故起因於飛行員誘導震盪（PIO），但是飛機迅速失控也說明問題非同尋常。通過給FCS添加智能的速率限制過濾程序等其他改進，問題最終得到了解決。

至1996年，「鷹獅」成功完成了2000多次試飛和空對地、空對空武器發射試驗。尾旋改出和大攻角試飛擴展了「鷹獅」的飛行包線，早期標準的FCS軟件可以做到28°的攻角，而最初的攻角限制是20°。極限攻角試飛是由安裝了專門設備的全黑色原型機（編號39-2）成功完成的。自從1997年以後，作戰攻角已經隨著客戶的需要而顯著增大了，預計最終的作戰攻角限制可達到50°。

最初的試飛計劃需要5架原型機（39-1至39-5），由於後來39-1墜毀，所以當第一架生產型飛機（編號39101）於1992年9月10日昇空後，它便代替39-1成為測試平台。後來，一架雙座型「鷹獅」原型機（編號39800）也成了試飛平台，於1996年3月29日完成了首飛。39-2和39-4兩架原型機於1999年退役，被送到了位於馬爾姆斯萊特的瑞典航空博物館。薩伯公司除利用自己的原型機梯隊進行基本的系統開發之外，有需要的話還可以從瑞典空軍借調「鷹獅」。

航電設備

「空中優勢來自於信息優勢」是瑞典FV2000軍事準則的核心。對「鷹獅」來說，主要有3個信息來源——機載傳感器、通信設備和數據鏈。愛立信公司的PS-05/A型多模式多普勒X波段雷達是最主要的航電傳感器，並為「鷹獅」提供空對空和空對面作戰能力。雷達的Planar陣列是一種小型、傳統的機械驅動式單元，使用調頻脈衝壓縮進行遠距離探測。PS-05/A的很多細節都還處於保密狀態，但是據說「鷹獅」對典型的戰鬥機大小的目標的探測距離是74英里（120千米）。飛行員可以選擇3種搜索模式：2×120°、2×60°和4×30°，掃瞄速率是每秒鐘60°。地形繪圖和搜索覆蓋區域可從3.1英里×3.1英里（5千米×5千米）擴展至25英里×25英里（40千米×40千米）。

作戰時，有4種跟蹤模式供飛行員選擇。邊跟蹤邊掃瞄模式可以增強態勢感知能力和多目標監視能力；而優先目標跟蹤模式則能實現在發射導彈的同時進行高質量、多目標跟蹤。單一目標跟蹤模式大多用於需要進行高質量的監視之時，比如說機炮瞄準；而空戰模式用於短程空對空交戰，進行自動化目標鎖定。

「鷹獅」作戰能力的核心是它特有的通信和數據鏈39（CDL39），可能算是世界上最先進的了。瑞典空軍有豐富的數據鏈系統使用經驗，從1965年研製J35「龍」和J37「雷」時就開始開發該項技術了。在超視距（BVR）作戰方面，信息和態勢感知尤為重要，數據鏈系統將賦予使用者無法比擬的作戰空間感知能力。不過世界上其他國家也知道數據鏈系統的優點。美國各軍種和英國皇家空軍使用的聯合戰術信息分佈系統（JTIDS）、北約的Link16數據鏈便是例子。但是JTIDS和Link16只安裝在少數飛機上，一般是安裝在指揮系統上引導其他飛機。它們無法實現平台之間數據的自由流動，能夠處理的數據類型也很有限。而且與CDL39相比，它們的基本數據交換速率也非常慢。「超級大黃蜂」和歐洲戰鬥機「颱風」等先進戰機是瑞典戰機之外的第一批具備數據鏈能力的作戰飛機，所安裝的系統與「鷹獅」相近。

CDL39是由兩台Fr41模擬信號無線電台、一台Fr90數字信號無線電台、一個音頻管理組件（AMU）、一個地面通信放大器（GTA）、一個音頻控制面板（ACP）和一個通信控制顯示單元（CCDU）組成的。ACP和CCDU安裝在座艙內，是供飛行員使用的界面。CDL39最先進的部件當屬羅克韋爾・柯林斯公司提供的Fr90，工作頻率在960～1215兆赫，使用了抗電子干擾技術，例如跳頻、加密和先進的編碼技術。CDL39還能夠與瑞典的新式戰術無線電系統（TARAS）完美結合——JAS39和JAS37戰鬥機、S100B「百眼巨人」機載早期預警和控制（AEW&C）平台、S102B「烏鴉」信號情報（SIGINT）飛機和地面的作戰指揮和控制中心（StriC）所使用的一種安全的無線電網絡。瑞典國防裝備管理局（FMV）正在考慮如何讓CDL39和JTIDS進行通信，以便於「鷹獅」在國外作戰。

一次最多可以有4架飛機同時通過數據鏈進行數據傳輸（主動），而接收（被動）數據的飛機數量則不限。根據瑞典空軍的說法，CDL39在空中傳輸距離超過300英里（500千米），如果把位於中間位置的飛機當做中繼機，則可以傳得更遠。作為其最基本的功能，CDL39可以將飛機上的雷達/傳感器圖像和飛機/武器的狀態數據傳到TARAS網絡中的任意一個地方。飛行員只要選擇合適的無線電頻道（無線電頻道在任務計劃系統中預先設定），就可以在數據鏈上傳輸數據了。這個系統在廣泛的測試中也顯示了極強的抗干擾能力。

「鷹獅」的數據鏈為其提供了很大的作戰靈活性。例如，在執行空對地任務時，一個編隊在攻擊了目標後，獲取了目標區域的雷達圖像，並可將其傳輸給下一波次飛機的座艙中。一波次飛機的機組成員在收到了目標區域精確的目標圖像後，就會知道哪些目標已經被攻擊過了。另外，這些信息還可以傳回地面的作戰指揮和控制中心（StriC），從而其可以根據實際情況制定決策。在執行空對空任務時，一架「鷹獅」可以將其雷達圖像傳給另一架「鷹獅」。後者可以在雷達關機的情況下，隱蔽地接近敵機並發動進攻。第二架飛機發射的導彈甚至可以由第一架飛機來制導。通過機載早期預警和控制（AEW&C）平台，一幅更大的「空中態勢圖像」可以通過數據鏈傳到「鷹獅」編隊中，從而大大提高它們的作戰範圍。

「鷹獅」的數據鏈系統賦予了它很強的作戰能力——瑞典空軍在其防空演習中，只用了6架「鷹獅」就防衛了半個瑞典。通過CDL39數據鏈，3個執行空中戰鬥巡邏（CAP）的「鷹獅」雙機編對面頁圖和本頁圖：JAS39展示出了優異的短場起降能力。通過三角翼和鴨翼的配合，「鷹獅」攜帶防空武器配置時能夠在1650英尺（500米）內完成著陸滑跑。面積很大的鴨翼幾乎可以向前傾斜90°，當飛機著陸時，可當做巨大的減速板使用，同時還能保證鼻輪穩穩地貼於地面，從而使機輪剎車的效果最大化。「鷹獅」戰鬥機也安裝了兩個傳統的減速板。在惡劣的機場條件下，「鷹獅」能夠在只有2650英尺（800米）的被冰雪覆蓋的跑道上起降。

隊就可以監視瑞典的整個東海岸——從瑞典北部波羅的海的哥特蘭島到南部邊陲的勒訥比空軍基地。每一個「鷹獅」的飛行員隨時都可以知道其他飛行員在什麼地方、看見了什麼，以及正在做什麼。一名有著豐富的「龍」和「雷」飛行經驗的瑞典資深飛行員在第一次接觸了「鷹獅」後感歎道，「它治癒了我25年的失明」。

瑞典的「鷹獅」採購訂單分3個批次交付。隨著航電設備研發工作的不斷進行，所交付的飛機會安裝有不同的系統、具備不同的性能，這並不奇怪。第1批次的所有飛機安裝的都是利爾宇航公司的三余度、數字式線傳飛行控制系統（FCS），座艙圍繞愛立信公司的EP-17全數字式顯示系統佈置——包括休斯公司的廣角全息抬頭顯示器（HUD）和3個黑白5英吋×6英吋（12厘米×15厘米）低頭顯示器（HDD）——由愛立信公司的PP1和PP2顯示處理器獨立驅動。愛立信公司還開發了SDS80中央處理器——由多個D80處理器組成，運行主要系統。這套航電設備的標準被稱為Mk1。

第2批次作了一些改動，包括洛克希德·馬丁公司代替利爾宇航公司成為FCS供貨商。薩伯公司仍然負責編寫FCS軟件，洛克希德·馬丁公司負責提供計算機硬件。另一項改動是HUD，凱撒電子公司代替了休斯公司。最後，愛立信公司將航電設備標準提高到了Mk2，採用了新的PP12顯示處理器，將早期的PP1/PP2的處理功能都集中在了一個單獨的、小型的、卻更為強大的單元中。此外，還引入了D80E計算機，它的存儲能力是D80的5倍，處理速度是D80的10倍。這些改進將逐步應用於更新Mk1標準的「鷹獅」，使其普遍達到JAS39A/B標準。

其他改進和升級還將陸續引入第2批次的生產型飛機。因此，Mk3標準的航電設備已經運用到了第2批次的生產型的後面幾架飛機上（編號39207以後的飛機）。新標準包括引進愛立信公司研製的全新超級計算機，即所謂的D96，它取代了D80E。它被稱作模塊化機載計算機系統（MACS），它擁有更大的程序存儲空間和更強的處理能力，採用了PowerPC芯片，基於VME總線架構，並引入了先進的彩色HDD座艙顯示器。因此，第2批生產型中有Mk2和Mk3兩種標準。

第3批次的生產型飛機使用的是Mk4標準的航電設備，包括新式更大的6英吋×8英吋（12厘米×15厘米）多功能儀表顯示器（MFID）68有源矩陣LCD彩色HDD，愛立信—薩伯航電設備公司研製的MPEG-2 DiRECT數字式大容量存儲器代替了以前的High-8模擬信號8毫米座艙視頻記錄器。雙座型用於高級戰術訓練，也能執行作戰任務，後座的成員作為輔助飛行員或者系統操作員。與JAS39B不同，JAS39D的後座艙有獨立的無線電和顯示處理器，因此兩個機組

左圖和下圖：「鷹獅」的飛行員能夠從機載傳感器、通信設備和高效的數據鏈獲取全部信息。毫無疑問，JAS39是現役數據鏈運用最充分的戰鬥機，其這方面的性能遠超過其他快速噴氣式飛機。再加上飛機的雷達橫截面（RCS）很小，數據鏈使得「鷹獅」成為相對隱形的對手。

本頁圖和對面頁圖：「鷹獅」可攜帶各種武器，使其具備真正意義上的多用途能力。空對空武器包括AIM-9L「響尾蛇」（Rb74）、AIM-120 AMRAAM（Rb99）和IRIS-T。單座型還安裝了1門27毫米「毛瑟」BK27機炮。空對地武器包括AGM-65「小牛」（Rb75）（見左上圖和右下圖）、Rb15F反艦導彈（見左上圖中內側機翼掛架）。此外，JAS39還可攜帶DWS39反裝甲撒布式武器和KEPD-150「金牛座」——一種防區外發射武器，採用全球定位系統（GPS）/慣性導航系統（INS）制導，地形參照導航系統和紅外成像末端導引頭。儘管這種戰鬥機是為瑞典空軍量身定制的，但是它也能安裝北約的武器系統，因此可以使瑞典空軍與其他國家進行聯合作戰，並改善了「鷹獅」的出口前景。歐洲研製了「流星」導彈，這是一種非常先進的空對空武器，性能遠超過AIM-120。「流星」導彈服役時，「鷹獅」也可攜帶「流星」導彈。

成員可以獨立完成各自的任務。這就使得它能夠執行一些特殊任務，例如作為「攻擊機群」長機或「現場指揮官」，對敵防空壓制（SEAD）或進行電子對抗。

根據瑞典空軍的原訂計劃，只有Mk3標準「鷹獅」的航電設備才會改進到Mk4標準，因為Mk1和Mk2標準的飛機的計算機無法提供足夠的動力來支持升級。儘管FMV曾表示希望把所有的「鷹獅」都提高到Mk4標準，但是並沒有為其提供正式的資金支持。因此，瑞典空軍有兩種型號的「鷹獅」，安裝有明顯不同的航電設備，性能也不相同。在瑞典空軍內，最新型號的飛機通常被稱為「208狀態」，因為編號39208的飛機是第一架正式服役的Mk3/ Mk4標準「鷹獅」。編號39207的飛機歸薩伯公司所有，作為JAS39C原型機，並被重新命名為39-6，而編號39800的雙座機則是JAS39D原型機。因此，第2批次「鷹獅」的最後20架飛機完全達到了第3批次的標準。不過這些JAS39A/B是否要被重新命名為JAS39C/D仍然是個問題。

第二代電子戰設備也引入到了第3批次的飛機上（第1批次和第2批次的飛機安裝的是過渡型電子戰設備）。該設備是由愛立信航電設備公司研製的，被稱為「電子戰系統39」（簡稱EWS39）。其性能包括

171

無線電信號發射器探測、識別和定位；動態威脅分析和對抗措施的使用。除了現有的自衛措施（翼尖的雷達告警接收器，或簡稱RWR；垂尾和機頭的ECM；翼根的BOP 403箔條/曳光彈發射器）之外，EWS39又增加了兩個吊艙式BOP 402電子對抗措施發射器、1個激光告警系統、1個導彈迫近告警系統和1個BOL 500拖曳式無線電頻率（RF）誘餌。RF誘餌安裝於左側機翼下方。EWS39將賦予JAS39C/D全面的自衛能力，並為其執行各種任務提供電子干擾護航能力。

第3批次的「鷹獅」將完全符合北約的通用標準，以保證瑞典空軍的JAS39C/D可以在世界範圍內參與多國聯合作戰。改進包括夜視鏡（NVG）兼容性和新式IFF系統。瑞典空軍也在考慮對「鷹獅」進行進一步升級（但目前還沒簽署合同），包括被動搜索和跟蹤系統（薩伯動力公司的紅外搜索與跟蹤系統，簡稱IR-OTIS，類似於俄羅斯飛機座艙前面安裝的球形紅外傳感器），頭盔顯示器則從兩個競標產品中選擇——歐登顯示器，由賽爾希烏斯公司或者愛立信公司為薩伯公司和皮爾金頓公司共同提供，相控陣雷達則是愛立信公司的有源電子掃瞄陣列（AESA）。

武器系統

在1988年首飛後不久，「鷹獅」的武器掛載試驗就開始了。從一開始就採用了多種外掛武器配置，以檢測它們對飛機性能、操縱品質和「顫振」的影響，以及負載和壓力測試。真正的武器發射鑒定試驗開始於1991年，現在瑞典空軍裝備的（以及出口型）「鷹獅」有8個外掛點，能夠安裝眾多型號的空對地和空對空武器。同時還在研製新的武器系統，以充實「鷹獅」未來的武器庫。

基本武器包括1門內置27毫米「毛瑟」BK27機炮，安裝於機身中線左側（單座機），備彈120發。薩伯公司研製出了一種獨特的與雷達和自動駕駛儀相連接的自動火炮瞄準系統，並將其安裝在JA37和JAS39上。自動瞄準系統可以跟蹤目標，並計算出準確的射擊距離和偏角。一旦飛行員開火，雷達會跟蹤發射出去的子彈的路徑，自動駕駛儀將控制飛機將炮火對準目標。該系統非常可靠和精確，能夠晝夜全天候對遠距離目標進行「不用管」火炮攻擊。

「鷹獅」最初取代的是瑞典空軍最老舊的「雷」——攻擊型AJ/AJS37。「鷹獅」用於對地攻擊的武器有短程空對地的Rb75導彈——休斯公司的AGM-65A/B「小牛」。「Rb」是「Robot」的縮寫。瑞典使用的是早期型電視制導的「小牛」——AGM-65A和AGM-65B。AGM-65B具備圖像放大功能，對目標的攻擊距離也是AGM-65A的兩倍。「小牛」的射程只有1.8英里（3千米），但是來自瑞典空軍的情報卻稱Rb75對坦克大小的目標的有效射程是這一數字的兩倍。JAS39從攻擊型「雷」獲得的另一系統是博福斯公司的M70 135毫米無控火箭彈系統。有6個外掛點可掛載導彈。

「鷹獅」還可攜帶更多的專用攻擊武器，像Bk90（DWS39「雷神」）防區外子彈藥撒布器，該武器於1997年首次在「鷹獅」上公開使用。「Bk」是「Bombkapsel」的縮寫，意思是炸彈撒布器。該武器是瑞典根據德國戴姆勒・克萊斯勒航宇公司的DWS24撒布器開發的，DWS24撒布器用於攻擊大面積、無裝甲保護的目標。重量1450磅（650千克），有24個橫向開火發射管。典型的子彈藥是MJ1——一種用於攻擊軟目標的8.8磅（4千克）空爆武器，和大一點的39.2磅（18千克）的MJ2——採用近炸引信、反裝甲彈頭。Bk90是一種無動力的「發射後不管」武器，射程為3～6英里（5～10千米）——取決於發射速度、發射高度和攻擊的目標。安裝有慣性導航系統（INS）、雷達高度計和彈載計算機，它會根據預編程的目標信息進行導航，由4個尾部安裝的控制面進行操縱。

在對海攻擊方面，「鷹獅」的主要武器是薩伯動力公司研製的Rb15F中程反艦導彈。它是Rb15M的空射型，Rb15M安裝在瑞典海軍的快速巡邏艇上。它的重量為1320磅（600千克），包括一個440磅（200千克）的穿甲高爆（HE）彈頭。它採用了微型渦輪發動機公司的TRI-60-3渦扇發動機，最大射程達15英里（24千米）。Rb15F型導彈是一種非常智能化、機動性好的反艦導彈，特別適合瑞典群島淺水海域的海岸防禦作戰。發射之後，這種亞音速導彈下降飛行高度，進行掠海攻擊，使用INS數據進行中段修正，末端制導使用的是主動雷達導引頭。在典型的四機編隊攻擊中，長機可通過自己的機載雷達捕捉目標，通過數據鏈把攻擊方案傳遞給其他飛機。其他飛機的機組成員就可以根據同樣的攻擊方案進行獨立攻擊。飛行員還可進行多重攻擊，只需選擇同時彈著，然後發射多枚Rb15F，這些導彈會自行區分並攻擊正確的目標。

進行防空作戰時，Rb74（AIM-9L「響尾蛇」）紅外尋的導彈是「鷹獅」

下圖：AGM-65「小牛」（Rb75）的發射試驗開始於1993年，1997年該武器成為「鷹獅」的標準配置。

上圖：「鷹獅」可攜帶強大的防空武器，圖中這架飛機翼尖上攜帶的是AIM-9L「響尾蛇」，機翼下方攜帶了4枚AIM-120 AMRAAM。

的標準配置，用於超視距（BVR）作戰的Rb99（AIM-120B AMRAAM）導彈自1999年中就投入作戰使用了。「鷹獅」從一開始就被設計為具有AMRAAM兼容能力的飛機，瑞典政府和美國政府還簽署了合同，以保證PS-05/A雷達等關鍵系統能夠支持主動雷達制導的AMRAAM。JAS39能夠對4個目標發射Rb99導彈——這也是「鷹獅」目前最多能夠攜帶的數量了。它的雷達能夠對這4個目標進行邊跟蹤邊掃瞄的優先排序，同時對另外10個目標進行邊跟蹤邊掃瞄的鎖定。將來，「鷹獅」機身中線處的武器外掛點還將安裝雙聯裝Rb99發射器。

有了這些武器，「鷹獅」完全有能力扮演好自己的角色。同時，瑞典空軍也在擴展「鷹獅」可選擇的武器。激光制導炸彈（LGB）是瑞典空軍最迫切、最優先的目標。拉斐爾/蔡司光學「藍丁」吊艙已經被「鷹獅」選中，掛於機身下方右側的武器外掛點。「藍丁」吊艙是一種FLIR/激光導航和瞄準系統，能夠與各種「鋪路石」激光制導炸彈配合使用。「鷹獅」於2001年開始對該武器系統進行集成和驗證。

瑞典空軍還在為「鷹獅」尋找新式精確的防區外發射武器——瑞典和德國聯合研製的KEPD-350「金牛座」。KEPD（「動能穿甲破壞者」的縮寫形式）是一系列渦噴推動的防區外發射武器，採用GPS/INS制導、地形參照導航（TER NAV）和紅外成像末端導引頭，分為兩個型號。KEPD-150射程為93英里（150千米），攜帶2336磅（1060千克）的彈頭；KEPD-350可攜帶3086磅（1400千克）的彈頭，射程為217英里（350千米）。KEPD-350是為德國空軍的「狂風」和歐洲戰鬥機研製的，而較小的KEPD-150是為「鷹獅」準備的。不過，根據KEPD-350載荷能力的改進經驗，KEPD-150也將可以攜帶更大的武器。

左圖：安裝在JAS39A內側機翼掛架下方（部分被外側的導彈擋住了）的就是雷達制導的Rb15F反艦導彈，它的直線射程為125英里（200千米），覆蓋範圍超過了「魚叉」Block 1C和MM40「飛魚」。

作為老舊的Rb74導彈的代替品，Rb98紅外成像系統—尾翼推進矢量控制（IRIS-T）導彈已經安裝在瑞典空軍的「鷹獅」戰鬥機上了。這是一種新一代機動性格鬥導彈。IRIS-T是一項泛歐洲導彈計劃，由德國博登湖儀器技術（BGT）公司帶頭，瑞典、西班牙、挪威、意大利、希臘和加拿大都參與其中。它將彈翼和矢量推力相結合，提高射程和機動性，安裝有焦平面陣列式紅外成像（IIR）導引頭。該武器使用的是新型固態燃料推進的火箭發動機，有效射程大約是7.5英里（12千米）。此外，彈頭可沿用現有的「響尾蛇」導彈的彈頭。它可以與頭盔瞄準具集成，能夠有效攻擊巡航導彈。「鷹獅」攜帶Rb98導彈進行試飛開始於1999年，於2004年形成初始作戰能力（IOC）。

瑞典空軍提出的反雷達導彈系統的要求，將使「鷹獅」具備「野鼬鼠」（對敵防空壓制，或簡稱SEAD）能力。儘管這一能力在執行國際維和任務時非常重要，但是目前關於這個問題還沒有公開信息，不過這種想法成為現實是遲早的事。先進的JAS39D雙座型「鷹獅」將是SEAD武器系統的首選對象，但是資金是首要問題。瑞典空軍原計劃在2006—2007年裝備這種武器系統。

瑞典空軍的「鷹獅」於2004年安裝了實戰型偵察管理系統（RMS），取代了瑞典空軍原來裝備的偵察型AJSF/AJSH37「雷」。愛立信—薩伯航電設備公司為「鷹獅」研製的新式偵察吊艙採用了光電傳感器和數字化存儲介質，取代了傳統的膠片式照相機。該系統是為單座型「鷹獅」研製的，包括全數字式圖像處理器、數據鏈配件和實時的座艙顯示功能。其他細節暫未透露。同時，薩伯公司還為出口型「鷹獅」集成了英國雲頓公司製造的威康70系列72C戰術光電/紅外偵察吊艙，可以進行低空和中空偵察。儘管雲頓公司的設備價格較為合理，但是用於出口，瑞典空軍希望為自己尋找一種性能更先進的RMS。

右圖和下圖：位於內側機翼武器外掛點的就是DWS39（Bk90）反裝甲撒布式武器。「鷹獅」於1992年開始進行該武器的發射試驗，5年後該武器才投入作戰使用。

右圖：與世界上其他大多數國家的空軍一樣，瑞典空軍也面臨著「裁員」的現實。瑞典已經計劃裁減空軍的作戰部隊和基地。根據最新的計劃，瑞典空軍將只保留8個「鷹獅」中隊，基地也只有4個。「鷹獅」的多用途能力將最大程度地減輕作戰實力的下降，特別是在最新批次（能力更強）的型號服役之後。

「鷹獅」另外一種重要的武器系統是「流星」導彈，它是由馬特拉公司和英國宇航系統公司帶頭組織的歐洲聯營公司研製的一種先進遠程超視距空對空導彈。具備「發射後不管」能力的「流星」導彈適於在高密度複雜電子戰環境中作戰，性能比現役的AMRAAM高出幾倍。這種採用沖壓噴氣發動機推動的導彈採用的是主動雷達導引頭（可進行中期升級），導彈發射之後，可以從發射機或其他平台獲取目標數據。這些平台包括另外一架戰鬥機、一架AWACS飛機或者薩伯公司的「愛立眼」，這可以使發射機在發射完導彈後迅速撤離到相對安全的地方。

薩伯JAS39「鷹獅」

1. 空速管
2. 漩渦發生器
3. 玻璃纖維雷達罩
4. 平面雷達掃瞄裝置
5. 機械式掃瞄跟蹤裝置
6. 雷達安裝隔板
7. 自動方位搜尋器（ADF）天線
8. 愛立信公司的PS-50/A多模式脈衝多普勒雷達設備機架
9. 偏航翼
10. 座艙前氣密隔板
11. 下方UHF天線
12. 攻角傳感片
13. 冷光源編隊條形燈
14. 方向舵腳蹬，數字式飛行控制系統
15. 儀表盤，3個愛立信EP-17陰極射線管（CRT）多功能顯示器（MFD）
16. 儀表盤罩
17. 單片式無框風擋
18. 休斯公司的廣角抬頭顯示器（HUD）
19. 愛立信公司的ECM吊艙
20. 右側進氣道處的掛架
21. 座艙蓋，電動式，鉸接於左側
22. 彈射時用於炸碎座艙蓋的微型引爆索（MDC）
23. 右側進氣道
24. 馬丁－貝克S10LS「零－零」彈射座椅
25. 座艙後氣密隔板
26. 安裝於右側的發動機節流閥桿，手控節流閥控制系統（HOTAS）
27. 左側控制面板
28. 座艙部位的蜂窩狀蒙皮
29. 安裝於艙門上的滑行燈
30. 鼻輪艙門
31. 雙輪前起落架，向後收起
32. 液壓操縱裝置
33. 機炮炮口衝擊抑製器
34. 左側進氣道
35. 附面層分流板
36. 空調系統熱交換進氣道
37. 航電設備艙，通過鼻輪艙進入
38. 附面層溢出道
39. 座艙後方的航電設備架
40. 右側鴨翼
41. UHF天線
42. 熱交換器排氣道
43. 用於座艙空調、增壓和設備冷卻的環境控制系統
44. 兩個進氣道之間的自封式油箱
45. 鴨翼操縱液壓動作筒
46. 鴨翼樞軸安裝點
47. 左側進氣道管道
48. 1門27毫米「毛瑟」BK27機炮，安裝於機身左側
49. 溫度傳感器

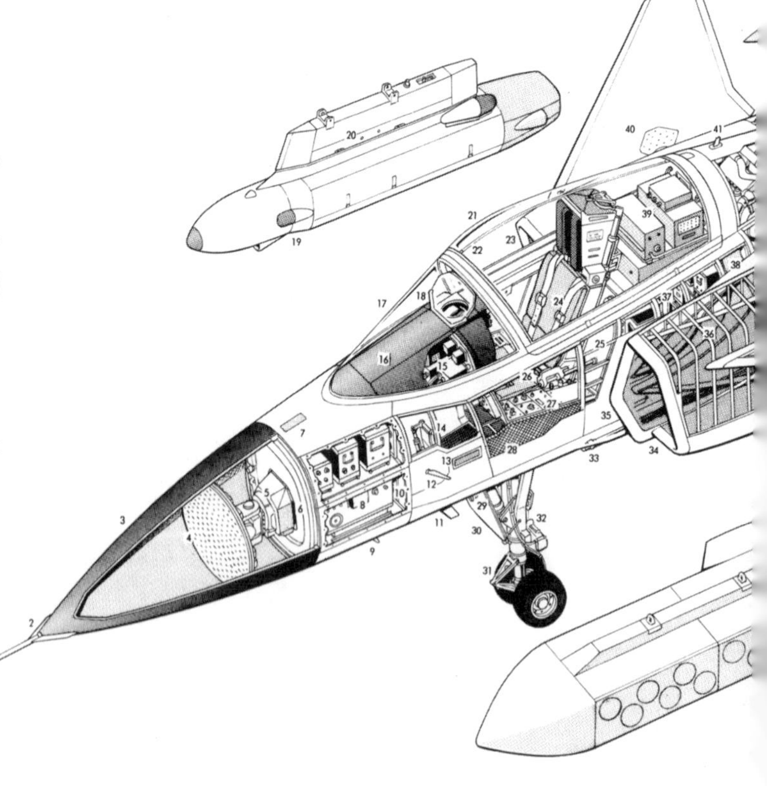

50. 左側航行燈
51. 機身中線處的外掛副油箱
52. 彈藥補給艙門
53. 地面檢測面板
54. 編隊條形燈

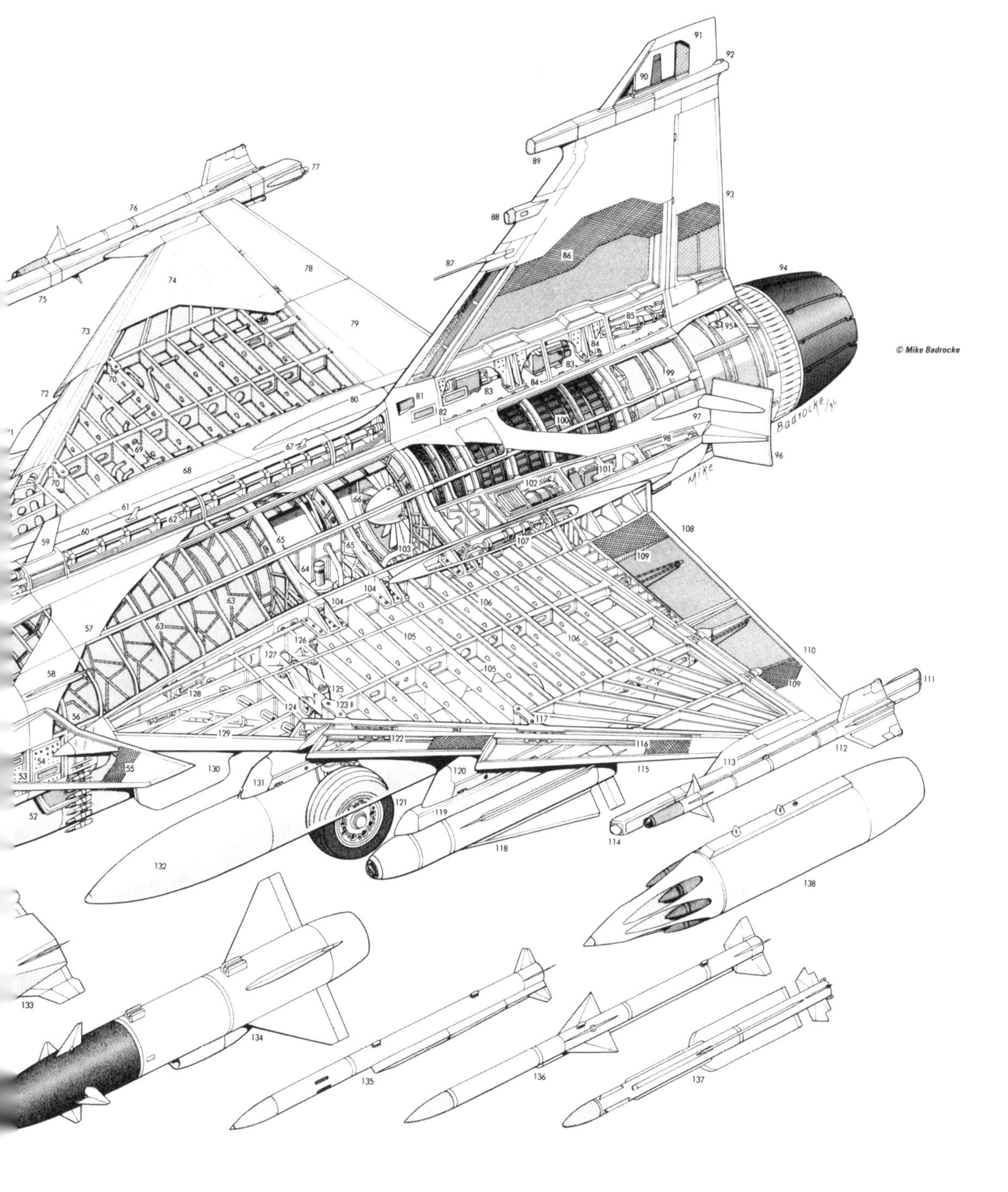

55. 左側鴨翼，碳纖維複合材料結構
56. 機炮彈艙
57. 機身中段鋁合金結構和蒙皮
58. 機身上方的邊條翼
59. VHF天線
60. 機背整流罩
61. 戰術空中導航（TACAN）天線
62. 排氣和電線管道
63. 機身整體油箱

64. 液壓油箱，左側和右側都有，獨立雙系統
65. 機翼與機身連接的主框架，鍛制機械式
66. 發動機壓縮進氣道
67. 敵我識別系統（IFF）天線
68. 機翼連接處的複合材料蓋板
69. 右側機翼整體油箱
70. 掛架硬連接點
71. 右側載荷掛架
72. 機翼前緣鋸齒
73. 兩段式前緣機動襟翼
74. 碳纖維複合材料機翼蒙皮
75. 翼尖雷達告警接收器（RWR）和導彈發射導軌
76. 翼尖導彈掛架
77. 後位置燈，左右兩側都有
78. 右側機翼外側升降副翼
79. 內側升降副翼
80. 內側升降副翼動作筒整流罩
81. 發動機排氣溢流口
82. 編隊條形燈
83. 自動飛行控制系統設備
84. 垂尾根部連接點
85. 方向舵液壓動作筒
86. 碳纖維複合材料機翼蒙皮和蜂窩狀基底
87. 飛行控制系統液壓傳感器探測頭
88. 前向RWR天線
89. ECM發射天線
90. UHF天線
91. 玻璃纖維垂尾頂部天線整流罩
92. 閃光燈/防撞燈
93. 碳纖維複合材料方向舵
94. 可變截面積加力燃燒室尾噴口
95. 尾噴口控制液壓動作筒（3個）
96. 左側減速板（打開狀態）
97. 減速板連接點整流罩
98. 減速板液壓動作筒
99. 加力燃燒室管道
100. 沃爾沃航空發動機公司的RM12加力渦扇發動機
101. 後部設備艙，左右兩側都有
102. 微型渦輪發動機公司的輔助動力裝置（APU）
103. 安裝於機身的配件設備變速箱
104. 鈦合金翼根連接固定裝置
105. 左側機翼整體油箱
106. 多梁翼面基礎結構和碳纖維蒙皮
107. 內側升降副翼動作筒
108. 內側升降副翼
109. 升降副翼碳纖維復蒙皮和蜂窩狀基底
110. 左側機翼外側升降副翼
111. 後向象限RWR天線
112. Rb74/ AIM-9L「響尾蛇」短程空對空導彈
113. 翼尖導彈發射導軌
114. 左側前向傾斜式RWR天線
115. 左側兩段式前緣機動襟翼
116. 前緣襟翼碳纖維複合材料結構
117. 外側掛架硬連接點
118. Rb75「小牛」空對面反裝甲導彈
119. 導彈發射導軌
120. 外側載荷掛架
121. 左側主輪
122. 前緣襟翼動作筒（既起致動作用，又起連接作用）
123. 內側掛架硬連接點
124. 主輪支柱上安裝的著陸燈
125. 主起落架支柱減震器
126. 主輪支柱樞軸安裝點
127. 液壓收放千斤頂
128. 前緣襟翼驅動馬達和扭轉軸，左側和右側相互連接
129. 主輪支柱
130. 主輪艙門，起落架收起後關閉
131. 左側內側載荷掛架
132. 機翼下攜帶的外掛副油箱
133. MBB公司的DWS39子彈藥撒布器
134. 薩伯公司的Rb15F反艦導彈
135. 「流星」未來中程空對空導彈（FMRAAM）
136. AIM-120先進中程空對空導彈（AMRAAM）
137. 馬特拉公司的「米卡」EM短程空對空導彈
138. 博福斯公司的M70六管火箭發射器

上圖：薩伯JAS39「鷹獅」
這幅藝術畫描繪的是發射「流星」空對空導彈的「鷹獅」戰鬥機。這種歐洲研製的先進超視距導彈的性能超過了AMRAAM，很多作戰飛機裝備了該型導彈。

作戰與飛行特性

「鷹獅」是根據瑞典空軍的作戰需求而量身定做的，能夠在2650英尺（800米）的被冰雪覆蓋的跑道上起降，兩個飛行架次之間的周轉準備時間（包括重新加油，重新裝彈，必要的維修和檢查）僅需10分鐘。瑞典的BAS90系統是「鷹獅」具備該能力的關鍵因素，該系統能夠保證戰時飛機在分散的公路地帶起降和維護。此外，「鷹獅」的設計理念還包括，在野外條件下即可輕鬆進行主要維護作業。在瑞典空軍的一次示範中，一架「鷹獅」完成任務歸來，3個人的機務小組迅速拆下仍然炙熱的RM12發動機，之後迅速將其裝回，飛機再次起飛，整個過程僅僅用了45分鐘。

三角翼加鴨翼的組合，不僅使「鷹獅」具有出色的飛行特性，還使它具有了良好的起飛和著陸性能。搭載防空武器配置時，「鷹獅」僅需要1650英尺（500米）的跑道。當飛機著陸滑跑時，面積很大的鴨翼幾乎可以向前傾斜90°，可當做巨大的減速板使用，同時還能保證鼻輪穩穩地貼於地面，從而使機輪刹車的效果最大化。「鷹獅」戰鬥機也安裝了兩個傳統的減速板。據說「鷹獅」的起飛技術是，先將減速板打開，將發動機淨推力（不開加力的情況下）加至最大（12000磅/53.4千牛），然後迅速收起減速板，同時打開加力（18100磅/80.5千牛）。具體來說，「鷹獅」在內燃油加滿而不帶任何武器時， 讓發動機以150英里/小時（240千米/小時）的轉速原地運轉，僅需18秒便能夠以超過200英里/小時（330千米/小時）的速度升空。「鷹獅」的爬升速度是340英里/小時（550千米/小時），對於一位以前沒有接觸過它

下圖：JAS39只安裝了一台發動機，即沃爾沃航空發動機公司生產的RM-12渦扇發動機。該型發動機以通用電氣F404-400發動機為基礎，淨推力12140磅（54千牛），加力推力18100磅（80.51千牛）。該型發動機最初是為雙發噴氣機設計的，當用於單發噴氣機時，動力輸出要增加，還要進行其他一些改變。

的飛行員來說，這個爬升率很驚人。他還稱讚了「鷹獅」出色的飛行品質和良好的操縱性能；聲稱，「鷹獅」進行戰術儀表著陸系統（ILS）進行著陸時的進場速度（最後速度）為175～185英里/小時（280～300千米/小時），而著陸時的速度大約為168英里/小時（270千米/小時），攻角為12°。單機著陸時攻角可達到14°，著陸時的速度大約為146英里/小時（235千米/小時）。

「鷹獅」的一個特別有意思的特點是「減速邏輯」，飛行員可以在仍在空中時就全力減速。而減速系統只會在鼻輪著地時才會啟動，而此時所有的控制翼面，包括鴨翼，都會立刻移至最大阻力位置——以實現極大程度的減速。以14°的攻角進場時，停車距離在1150～1300英尺之間（350～400米）。

對戰鬥機的飛行特性來說，其對速度有很高的要求。「鷹獅」具備「超音速巡航」能力，這意味著它能夠在不開加力的情況下進行超音速飛行，即便攜帶著外掛載荷時也是如此。這其中一部分原因在於「鷹獅」的設計具有極低的誘導阻力。飛行員們對「鷹獅」的描述是，它速度的轉變和維持與他們所飛過的任何飛機都不相同——從某種程度上說，這對一種三角翼飛機來說很不尋常。

儘管「鷹獅」9g的過載能力與現役的其他現代戰機不相上下，但是它的每秒6g的加速率和「不用操心」操縱性能使其必須小心應對「g鎖」。所謂「g鎖」是指在連續迅速做出很多過載機動，而前幾個過載機動產生的效果（如視野狹窄和刺痛感）由於時間過短，不足以讓飛行員對即將出現的黑視產生警覺。為了避免這一情況，「鷹獅」飛行員的飛行服包括了全身的抗荷服套裝（能夠覆蓋至腿）、抗荷夾克（與抗荷套裝類似）、壓力呼吸器（能夠避免抗荷夾克將飛行員擠壓得無法呼吸）。據稱這些額外的保護措施等於將過載降低了3～4g。舉個簡單的例子，當飛行員穿上這些衣服做9g的過載時，他只會感覺到5～6g。

「鷹獅」的實際性能也讓人印象深刻。從基地起飛進行240英里（385千米）的戰鬥空中巡邏時，「鷹獅」攜帶兩枚Rb99 AMRAAM、兩枚Rb74「響尾蛇」和兩個副油箱，它的留空時間可達兩個小時。更不用說JAS39安裝有受油管，具備空中加油能力，留空時間和航程都將延長。攜帶3枚1000磅的GBU-16激光制導炸彈進行低—低—低攻擊時，「鷹獅」的作戰半徑為350海里（403英里/648千米）。攜帶兩枚GBU-16激光制導炸彈和1個副油箱時，作戰半徑可延長至450海里（517英里/833千米）。此外，執行典型的高—低—高反艦任務時，「鷹獅」攜帶兩枚Rb15F時的最大航程為270海里（310英里/500千米），最大點對點（轉場）航程為1500海里（1725英里/2778千米）。

根據「鷹獅」的相關使用報告，它

上圖和右圖：JAS39「鷹獅」正在快速更替薩伯J37「雷」——「雷」長期以來都是瑞典防空力量的中流砥柱，並且有眾多的改型（包括偵察型，上圖中左起第二架便是）。「鷹獅」能夠更加高效地完成「雷」所有的任務，特別是較晚批次的「鷹獅」服役之後。

的性能超過了設計參數，氣動阻力和燃油消耗率低於預期，航程和爬升率卻高於預期。據說它的可靠性、可維護性和可使用率也創造了新的紀錄，兩次故障間隔之間的飛行小時數是7.6。換句話說，每個飛行小時所需的維修工時為10，這是所有前線戰鬥機中最低的。儘管讓「鷹獅」飛起來的成本與F-16C/D不相上下，但是據說「鷹獅」每飛行小時的運行成本要比F-16C/D便宜2500美元（將燃料和所有的維護成本計算在內）。這意味著「鷹獅」已經滿足了瑞典空軍為2001—2020年時間段設定的目標。

飛行運行情況

JAS39的服役準備工作開始於1987年，當時瑞典空軍參謀長決定將索特奈斯空軍基地的F7空軍聯隊作為第一支「鷹獅」作戰聯隊。幾個月後，又宣佈未來所有JAS39飛行員的改裝訓練都集中在F7聯隊進行。來自斯德哥爾摩的空

軍司令部的計劃指示更明確指出，未來F7聯隊的任務就是集中進行飛行訓練，週期性進行模擬器訓練、作戰試驗和評估，以及備戰部隊（中隊）的組建。但是選擇索特奈斯空軍基地的F7空軍聯隊也存在爭議，因為那裡相對偏僻和孤立，缺乏體能訓練設施以及飛行訓練和演習的必備條件。由於類似的原因，1973年瑞典空軍前線部隊曾駐紮在那裡的AJ37「雷」後來撤回去了。但是，早

上圖和下圖：瑞典的政策是在戰時放棄固定機場，而將飛機分散至臨時位置，這意味著「鷹獅」的設計中必須考慮到要在簡單的野外條件下維護和保養，並且能夠在公路上起降。再加上戰鬥機先進的航電設備和精密的系統，要滿足這些要求，設計師們面臨著不小的挑戰。

期部署計劃要求索特奈斯空軍基地的設施必須加以升級，不但要能夠保障兩個備戰部隊（中隊），還要為整個中隊的16～20名經驗豐富的飛行員（從「龍」或者「雷」改裝過來的）和一個班的新飛行員（從中央飛行學校直接過來的）提供保障。F7空軍聯隊還要為出口的「鷹獅」提供配套的飛行員培訓。

一個專門的「鷹獅」改裝訓練中心（「鷹獅」中心）在索特奈斯建成，並於1996年6月正式開放。為了訓練效率最優化，所有的飛行訓練都集中在這個中心進行，包括教室、模擬器、氣象辦公室、飛行計劃中心和一個體育館。這些設施都靠近停機坪和機庫，飛行員可以直接上下飛機。瑞典人非常重視模擬器訓練，所以「鷹獅」中心有兩個全任務模擬器（簡稱FMS，一種非常先進的座艙樣式的模擬器）和4個多任務訓練器（MMT）。多任務訓練器是一種比全任務模擬器簡單一些的系統，擁有座艙儀表和一個用於顯示外部環境的屏幕。各個模擬器還可以相互連接，可以讓飛行員與其他飛行員一起執行「飛行」任務或者進行「空戰」。計劃要求所有裝備有「鷹獅」的基地都要裝備一台MMT進行模擬訓練。

所謂的FUS39（瑞典語「飛行改裝訓練系統39」的首字母縮寫）已經在「鷹獅」中心建成。它包括兩套完全不同的訓練體系。第一套體系用於具有「龍」或者「雷」戰鬥機駕駛經驗的飛行員的改裝訓練；第二套用於訓練剛畢業的新飛行員，他們要麼只經過基本飛行訓練（GFU，瑞典語「基本飛行訓練」的首字母縮寫），要麼只經過基本戰術飛行訓練（GTU，瑞典語「基本戰術飛行訓練」的首字母縮寫），只有200小時的SK60教練機飛行經驗。因此F7空軍聯隊的「鷹獅」改裝訓練課程又分為TIS39:A和TIS39:Y。前面的TIS39是瑞典語「Typinskolning 39」的縮寫，意思是「型號改裝39」。後綴的「A」代表有經驗的飛行員（瑞典語「Aldre」的首字母，意思是「老的」），「Y」代表新飛行員（瑞典語「Yngre」的首字母，意思是「年輕的」）。 TIS39分為4個階段，學員們要經歷飛行訓練、航電系統、武器系統和基本戰鬥訓練。

對於有戰鬥機飛行經驗的飛行員來說，「鷹獅」的改裝訓練是在為期6個月的TIS39:A課程中完成60小時的飛行訓練和40小時的模擬器訓練。由於廣泛採用了先進的FMS和MMT模擬器，TIS39:A課程並不需要JAS39B（雙座型）進行飛行訓練，有經驗的飛行員在模擬器上完成了15次「飛行」後就在JAS39A上進行自己的第一次「鷹獅」飛行任務。2001年11月，TIS39:Y課程在F7空軍聯隊開展。這一課程的「鷹獅」改裝訓練為期12個月，按照單座型和雙座型飛行訓練又大致分為70%和30%兩部分。這些飛行員還要到作戰聯隊進行12個月的「鷹獅」高級作戰訓練。這一課程被稱作

GFSU JAS39（瑞典語「『鷹獅』高級作戰訓練」的首字母縮寫），之後飛行員就能夠達到全面作戰狀態。

第一批交付給瑞典空軍的「鷹獅」於1994年開始列裝，隸屬於JAS39作戰試驗和評估部隊（簡稱TU JAS39，「TU」是瑞典語「作戰試驗和評估」的首字母縮寫）。該部隊最初的基地位於馬爾姆斯萊特，以便於與同樣以那裡為基地的瑞典國防裝備管理局下轄的測試部隊（FMV：PROV）進行合作，而且那裡還接近薩伯公司在林雪平的工廠。現在，TU JAS39的基地位於F7空軍聯隊所在的索特奈斯，任務是研究「鷹獅」任務戰術和基本的作戰方針。它還要參與「鷹獅」系統的研發，圍繞著各種系統的集成展開，包括新式武器和傳感器，指揮、控制和信息系統，任務計劃和分析設備，以及模擬器。此外，它還負責戰術系統功能的驗證。

瑞典空軍第一支完成JAS39「鷹獅」改裝訓練的作戰部隊是F7空軍聯隊自己下轄的部隊，以前使用的飛機是AJS37「雷」。第一支達到作戰狀態的部隊是F7空軍聯隊第2中隊（無線電呼號是「古斯塔夫・布拉」），時間是1997年10月31日。一年以後，F7空軍聯隊第1中隊（無線電呼號是「古斯塔夫・羅德」）也達到作戰狀態。第二個進行「鷹獅」改裝的聯隊是位於恩尼爾霍爾姆的F10空軍聯隊。它下轄的兩個中隊——F10空軍聯隊第2中隊（無線電呼號是「約翰・布拉」）和F10空軍聯隊第1中隊（無線電呼號是「約翰・羅德」）——分別於2000年1月和2001年1月開始在索特奈斯空軍基地接受F7空軍聯隊的TIS39:A訓練。隨後，F7空軍聯隊的教官協助F10空軍聯隊的飛行員進行GFSU：A訓練，整個過程大約耗時一年（每個中隊一年）。「約翰・布拉」的情況不大相同，它是直接從50年代的古老的J35J「龍」直接改裝JAS39的。

最初的計劃是，瑞典要在2006年以前為其6個飛行聯隊下轄的12個中隊裝備204架「鷹獅」。但是2000年3月，瑞典國會制訂了新的防務計劃，將原計劃的「鷹獅」中隊數量由12個減至8個。這很大程度上是由於成本問題。兩個聯隊被剝奪了裝備「鷹獅」的機會：恩尼爾霍爾姆的F10空軍聯隊和烏普薩拉的F16空軍聯隊。F10空軍聯隊本來已經完成了「鷹獅」的改裝訓練，而F16空軍聯隊本來應該是瑞典空軍的第3個「鷹獅」聯隊。這一決定對大多數人來說都很震驚，儘管事出突然，但是瑞典政府認為這是最好的解決方案。這意味著瑞典空軍的8個「鷹獅」中隊將會在4個空軍聯隊內組建——奧斯特松德的F4空軍聯隊、索特奈斯的F7空軍聯隊、勒訥比的F17空軍聯隊和陸勒奧的F21空軍聯隊，改裝工作於2004年完成。當時瑞典政府還決定將每個中隊的「鷹獅」數量由16架增至24架，以保證儲備數量不變。但是，後來瑞典空軍沒有錢支付第一批40

左圖和上圖：第一支形成戰鬥力的「鷹獅」部隊是瑞典斯卡拉堡的F7空軍聯隊。該聯隊由兩個JAS39中隊組成，它還是JAS39的訓練中心。

架「鷹獅」的升級費用，這些飛機要麼退役，要麼出售給了其他國家。

儘管情況有了新變化，瑞典空軍仍然決定完成改裝任務和恩尼爾霍爾姆的F10空軍聯隊兩個「鷹獅」中隊的組建（在將其轉交給勒訥比的F17空軍聯隊之前）。「鷹獅」於2002年12月裝備了F17空軍聯隊第1中隊（無線電呼號是「昆塔斯・羅德」）和F17空軍聯隊第2中隊（無線電呼號是「昆塔斯・布拉」）。F21空軍聯隊第2中隊（無線電呼號是「厄本・布拉」）的飛行員完成了索特奈斯空軍基地F7空軍聯隊的TIS39:A訓練和恩尼爾霍爾姆的F10空軍聯隊的GFSU：A JAS39訓練，並於2002年1月飛回陸勒奧進行作戰飛行。同時，F21空軍聯隊第1中隊（無線電呼號是「厄本・羅德」）仍繼續裝備AJSF37「雷」執行偵察任務，直至JAS39能夠完成戰術偵察任務（2004年）。瑞典空軍的第4個，也是最後一個裝備「鷹獅」的聯隊是奧斯特松德的F4空軍聯隊，2002年7月F4空軍聯隊第1中隊（無線電呼號是「大衛・羅德」）達到作戰狀態，F4空軍聯隊第2中隊（無線電呼號是「大衛・布拉」）隨後於2003年4月達到作戰狀態。

至2002年2月，超過100架的JAS39A和10架JAS39B交付給了瑞典空軍；2001年底，飛行小時數累計超過20000。不過有4架飛機的飛行時間超過了平均飛行小時數，這是PRI39（「優先」39）計劃的一部分，是為獲得早期機身磨損經驗。第1批次的前兩架飛機（編號39121和39122）和第2批次的兩架樣機（編號39131和39142），每架的飛行小時數就超過了800小時。它們都經受住了徹底的結構和系統檢測。PRI39計劃持續進行到兩種機體（第1批次和第2批次）的飛行小時數都達到1600為止。此外，第3批次的兩架「鷹獅」也要加入測試計劃。

如上所述，「鷹獅」的基本作戰原則是BAS90系統所賦予的場地分散哲學。儘管大多數國家都在自己的空軍基地中建造了數以百計的加固型飛機掩體（HAS），以避免自己的飛機被摧毀在地面上，瑞典則採用了將自己的飛機分散部署在露天場地的概念。特別是在海灣戰爭中，伊拉克的飛機被現代化的精確轟炸技術炸毀在飛機掩體內，更凸顯了這一「分散部署」戰略的價值。當戰爭爆發時，瑞典空軍將放棄所有和平時期使用的空軍基地，每個聯隊都會把自己的飛機以小群的形式分散開來，並在鄉間的高速公路上起降作戰。這一政策始於20世紀30年代。

以公路為基地進行作戰的要求，強烈影響著瑞典空軍的裝備選擇和組織方法。所有型號的飛機，無論是戰鬥機還是運輸機，都能夠在長不超過2650英尺（800米）、寬不超過52英尺（16米）的跑道上起飛和降落。此外，兩次任務之間的維護和保養必須能夠在相對簡陋的野外條件下進行，而且要迅速和簡單。這對第四代噴氣式戰鬥機來說要求很高。儘管挑戰很嚴峻，薩伯公司仍使「鷹獅」成為現實。BAS90的另一項要

左圖和下圖：這兩張照片都是在航展表演時拍攝的。上面的照片是1998年英國皇家國際航空展示會期間拍攝的F7空軍聯隊的「鷹獅」，下面的照片是在瑞典國內F7空軍聯隊的基地拍攝的14架飛機編隊飛行。

求是所有的保障功能必須能夠跟隨飛機一起分散和機動。

目前，瑞典空軍有6個基本的平時空軍基地和16個儲備的戰時空軍基地，以備戰時分散。在2000年以前，這一數字是24。每個BAS90戰時基地都是一個12英里×19英里（20千米×30千米）的區域，包括一條6600英尺（2000米）長的主跑道，以及3條或4條2650英尺（800米）長的衛星式輔助跑道，通常都是幾段加固和加寬過的高速公路，通過普通公路相連。在路旁有100塊小型開闊地，通常都在樹林中經過良好的偽裝——儘管瑞典北部地區也有在岩石中開鑿的掩體——這些地方可用於飛機的再次出動準備。這些戰時基地還預先設置了燃料補給站和可用於指揮和控制的隱蔽掩體。除了BAS90戰時基地，另有50處地點可用於分散作戰，包括民用輕型飛機跑道。

BAS90需要注意的一點是，飛機會頻繁更換地面基地，理想情況是永遠不在起飛離開的地方降落。這是為了讓潛在的攻擊者難於分辨目標。因此，只有效率非常高的後勤系統才能保障該系統的正常運轉。據此，瑞典空軍還組織了16個所謂的Basbat85基地營，他們的任務是在分散的野外條件下對飛機進行維護和重新裝彈。每個Basbat85基地營包括8個機動小組，每個小組有6名技術人員和3輛卡車，卡車用於裝載一架戰鬥機再次出動準備所需的工具、燃料和彈藥。在這些迷彩隱蔽處，這些小組需要準確到達完成任務返航的戰鬥機所在的跑道旁待命——將飛機引導至指定停放處，完成再次出動準備，戰鬥機起飛後就迅速轉移。之後這些小組要達到另一處地點，處理下一次戰鬥機再次出動準備。必要的話，TP84（C-130）「大力神」運輸機將負責Basbat85基地營在戰時基地之間的轉移——運送彈藥和機動式地面設備，在樹梢高度飛行，在很短的高速公路地帶之間轉移。

理想情況是，一架攜帶防空武器配置的「鷹獅」的戰時再次出動準備時間少於10分鐘，而攜帶對地攻擊武器時的再次出動準備時間也不超過20分鐘。較短的再次出動準備時間、維護的可靠性和簡便性，是「鷹獅」研製過程中的指導因素。如果研製出一種性能非常先進、效率也很高的戰鬥機，但是它不能適應瑞典空軍的BAS90戰略，那這一切都是毫無意義的。此外，為了確保自己能夠處於巔峰狀態，「鷹獅」部隊要經常進行BAS90實戰演習。典型的演習通常要持續一至兩周，在野外條件下全天24小時進行不同作戰角色的切換。Basbat85小組通常只有1名有經驗的技術人員，剩下5人是應徵入伍的士兵——士兵們只需要進行幾個周的訓練，就能執行自己的任務。

在「鷹獅」上查找故障是一件相對容易的任務。通過啟動APU，安全檢查報告將會自動在HDD上顯示。故障信

上圖：作為薩伯公司和英國宇航公司向外推銷的活動，這架雙座型「鷹獅」對南美洲國家進行了訪問，圖中照片拍攝於智利。儘管盡了很大的努力來吸引南美洲國家空軍的興趣，這種新型戰鬥機前期的成功出口記錄卻出現在其他地區——南非和東歐。

息和需要更換的零件會在報告中顯示，技術人員可以直奔發生故障的部位，而不需要花上幾個小時的時間圍著機身尋找。在飛行過程中，如果飛機中途出現了嚴重故障，飛行員會得到提醒，不過一些小問題就不必了。如果出現嚴重故障，飛行員從系統獲得的相應信息將顯示在HDD上，並要求電腦列出檢查清單，以採取最好的措施，例如「平穩飛行」、「降低飛行速度」、「避開冰雪條件」等。一旦安全著陸，飛行員可以在HDD上查閱被稱為「快速報告」的操作指南。稍後，技術人員將爬入座艙，獲取飛行過程中出現的每一個故障的詳細信息。

瑞典空軍正逐步用8個Basbat04基地營（每個「鷹獅」中隊一個）取代原來的16個Basbat85基地營。Basbat04是瑞典空軍轉型的一部分——將傳統的冷戰時代的反侵略防空部隊，變為更靈活、更易部署的防禦力量。Basbat04的機動性更高，除了跑道之外，不需要其他基礎設施，能夠部署在瑞典國內或國外的任何地方。Basbat85是將飛機和設備在一個很大的區域內分散，而Basbat04則採用了更為集中的方式。它能夠同時在兩個地點開展工作，而只由一個部門進行領導。此外，Basbat04還要能夠在國外作戰環境中部署30天。

生產訂單

瑞典空軍訂購了3個生產批次、共204架「鷹獅」。在1982年下了第1批次的訂單——30架JAS39A單座型（編號從39101至39130）。第一架交付瑞典空軍的樣機是在1993年6月8日的一次典禮上，地點在林雪平，編號39102（因為39101留在了薩伯公司）。三年半以後，即1996年12月13日，第一批次的最後一架飛機也交付給了瑞典空軍。這一合同中的30架飛機都是按照固定價格購買的，這差點讓薩伯公司破產，因為在此期間飛機出現了一些問題，尤其是飛行控制系統（FCS）的問題。製造第一架「鷹獅」耗時604天，但是當第一批次的飛機訂單完成後，薩伯公司已經將每架飛機的生產時間縮短至200天了。由於一架雙座型原型機（編號39800）中途插入生產行列，所以沒有一架JAS39A是按照原訂計劃生產出來的。因此，沒有一架JAS39A的編號是39130，因為頂著這個編號下線的飛機是39800。

最初的訂單還包括110架飛機的可選方案，1992年6月3日這一方案成為實際合同。第2批次包括96架JAS39A（編號從39131至39226）和14架雙座型JAS39B（編號從39801至39814）。雙座型的JAS39B比單座型的JAS39A長26英吋（66厘米），而且因為要安裝第二個座艙，把內置機炮取消了。JAS39B攜帶的內燃油也略少於JAS39A，但是它的性能和設備與JAS39A相同，作戰能力也絲毫不差。1996年12月19日，第2批次的第1架飛機交付瑞典空軍，整個批次的交付期至2003年。在這個批次上，固定價格的概念被放棄了，轉而採用了「目標價格」，成本超支或節餘都要由薩伯公司和瑞典國防裝備管理局共同承擔。

除了前面提到了航電設備有所變化，第2批次的飛機採用美國漢密爾頓・勝德斯特蘭公司的新式輔助動力裝置（APU）代替了原來法國微型渦輪發動機公司的TGA15型APU。TGA15型APU在噪音方面達不到瑞典最新頒布的環境保護法的標準，而且使用壽命也過短。而漢密爾頓・勝德斯特蘭公司的APU則更為安靜，動力輸出更強，維護成本也更低，在編號39207以後的飛機上開始安裝使用。瑞典空軍計劃對所有「鷹獅」的APU設備都進行更換。

瑞典空軍於1997年6月26日簽訂了第3批次的訂單，共計64架飛機，配置也要進行升級。這其中包括50架單座型JAS39C（編號從39227至39276）和14架雙座型JAS39D（編號從39815至39828），於2003年至2007年間交貨。除了性能更先進的航電設備之外，這些飛機還具有空中加油能力——座艙右側安裝有可收縮的受油管，而且還安裝了機載氧氣生成系統以備長時間任務之需。編號39-4的「鷹獅」原型機安裝了空中加油公司的空中加油系統，並於1998年與英國皇家空軍的VC10加油機成功進行了加油測試。從2003年以後，瑞典空軍為自己的TP84（C-130）「大力神」運輸機安裝了翼下吊艙加油系統，作為「鷹獅」的空中加油機使用。另一方面，瑞

上圖：第3批次的「鷹獅」是JAS39中性能最為全面的。在改進措施中，飛機安裝了可收縮式空中受油管。

典正在研究為JAS39增加矢量推力——安裝歐洲噴氣發動機公司的EJ200發動機，但是後來因為經費問題而放棄。

在1995年的巴黎航展上，英國宇航公司（現在的英國宇航系統公司）和薩伯公司公開宣佈，將以合作夥伴的身份共同對「鷹獅」的出口進行營銷、適應、製造和支援。薩伯公司知道英國宇航公司能夠為「鷹獅」走向海外市場提供更好的渠道，因為英國公司的營銷網絡比自己好得多。在製造方面，林雪平的工廠將承擔主要的出口任務，而英國宇航公司在英國國內進行主起落架系統的集成。但是，一部分機身部件的集成工作也將轉移至英國宇航公司在英國布拉夫的工廠。

出口型「鷹獅」在瑞典國內被稱為JAS39X，以瑞典空軍的第3批次JAS39C/D標準為基礎。儘管它仍然保留了「鷹獅」的本質特徵，如線傳飛控系統、低雷達信號特徵和數據鏈系統，但是JAS39X基線中增加了一些額外的性能，如空中加油能力、機載氧氣生產系統、前視紅外（FLIR）/激光指示吊艙、頭盔顯示器和英語系統。此外，座艙中也可以安裝夜視鏡（NVG）。如果需要的話，還可安裝北約通用標準的武器掛架。一架用於出口的「鷹獅」其具體配置如何，要取決於客戶的要求，因此出口型「鷹獅」可謂「因國而異」。目前，薩伯公司和英國宇航公司每年可以生產18架「鷹獅」，而其出口訂單的要求是每年28架。薩伯公司和英國宇航公司預計切合實際的出口目標是400架。

「鷹獅」的第一次成功出口可以說來得有點意外。「鷹獅」的目標市場定位一直是東歐和南美洲的潛在客戶，並認為第一個客戶來自這兩個地區。但是，南非卻於1998年11月訂購了28架「鷹獅」戰鬥機，用於替換自己第2中隊的「獵豹」C型和D型。合同規定，在2007—2009年間交付9架雙座型「鷹獅」，在2009—2012年間交付19架單座型「鷹獅」。南非還為這些飛機指定安裝皮爾金頓公司和丹尼爾公司合作研製的「保護者」HMD，還將集成南非研製的具備離軸發射能力的A-Darter（「標槍」）空對空導彈。

第二個國外客戶是匈牙利。2001年11月，匈牙利與瑞典政府簽訂了為期10年的合同，購買14架符合北約通用標準的「鷹獅」戰鬥機——12架單座型和2架雙座型，並保留增購的權利。這些飛機於2004年底開始交付，所有的飛機於2005年全部交付至匈牙利凱奇凱梅特的作戰中隊。這些飛機中一部分是早期生產型「鷹獅」（瑞典空軍採購剩餘的），應匈牙利的要求，薩伯公司和英國宇航公司按照要求進行了相應的改裝。這些工作完成於瑞典空軍的維修工廠。2001年12月，匈牙利北面的鄰居——捷克共和國，宣佈購買20架單座型和4架雙座型「鷹獅」替換自己的米格-21戰鬥機。而且，這些飛機也要完全符合北約的通用標準。合同談判非常順

利，捷克空軍計劃中的兩個「鷹獅」中隊中的第一個在2005年底成軍。

潛在客戶對「鷹獅」的興趣依舊濃厚，薩伯公司和英國宇航公司正積極向奧地利、波蘭和巴西推銷這種戰鬥機。「鷹獅」將是奧地利裝備的薩伯J35OE「龍」的最佳代替品——這個國家需要24架單座型和6架雙座型。這些老舊的「龍」於2005—2012年陸續退役。此外，與波蘭的談判也在進行中，波蘭預計需要60架戰鬥機。波蘭曾表示短期需

上圖：2002年5月，為了贏得巴西新式戰鬥機的競標，「鷹獅」的推銷商向巴西空軍提議，在出售戰鬥機的同時，還可進行一定的技術轉讓。一旦「鷹獅」中標，巴西不僅可以在國內進行JAS39戰鬥機的後勤保障和維修，而且還可以在「鷹獅」服役期間進一步挖掘其潛力。薩伯公司宣佈與巴西的VEM–VARIG工程與維護公司簽訂了諒解備忘錄，進行工業合作——這些都是巴西政府採購流程中的要求。

要16架飛機，另外在2008年年底需要44架全新的戰鬥機。同時，巴西也準備購買24架新式戰鬥機，來替換自己的F-5。薩伯公司和英國宇航公司還與東南亞國家聯盟（ASEAN）中一些國家進行了接觸，其中一些國家會在幾年替換其老舊落後的戰鬥機。在很多市場上，「鷹獅」將面對洛克希德·馬丁公司的F-16「戰隼」、波音公司的F/A-18和達索公司的幻影2000-5的競爭，「鷹獅」最好的機會窗口是在2005—2010年。在此期間，大量的第三代戰鬥機逐漸老化，而未來的對手（如洛克希德·馬丁公司的F-35 JSF）還無法對外出口。

詳細參數

翼展（包括翼尖的導彈發射架）	27英尺6.75英吋（8.40米）
機身長度	單座型，不包括空速管——46英尺3英吋（14.10米）； 雙座型，不包括空速管——48英尺6英吋（14.80米）
高度	14英尺9英吋（4.50米）
輪距	7英尺10英吋（2.40米）
軸距	單座型——17英尺00英吋（5.20米）； 雙座型——19英尺4英吋（5.90米）
空重	12560～14599磅（5700～6622千克）
最大起飛重量	30850磅（14000千克）
正常起飛重量（防空武器配置）	18700磅（8500千克）
最大速度	海平面1.15馬赫； 高空大約兩馬赫
加速性能（低空，從0.5馬赫至1.1馬赫）	30秒
爬升率（採用減速板突然放開的方式爬升至3300英尺/10000米）	120秒
轉彎性能	穩定盤旋率，20°/秒 瞬間盤旋率，30°/秒
航程（攜帶副油箱）	1864英里（3000千米）
實用升限	65600英尺（20000米）
作戰半徑	288～345英里（463～556千米）
過載	+9g至-3g
作為戰鬥機時的推重比	最大起飛重量時——1.0； 燃料消耗掉一部分後——1.5
座艙	JAS39A——飛行員；JAS39B——飛行員和輔助飛行員或系統操作員
發動機	1台沃爾沃航空發動機公司的RM12渦扇發動機，淨推力12140磅（54.00千牛），開加力時推力18100磅（80.51千牛）
武器	1門27毫米「毛瑟」BK27機炮； AIM-9L「響尾蛇」（Rb74）、AIM-120 AMRAAM（Rb99）； IRIS-T空對空導彈、AGM-65「小牛」（Rb75）空對地導彈； Rb15F反艦導彈、DWS39反裝甲撒布式武器； KEPD-150「金牛座」防區外發射導彈（SOM）

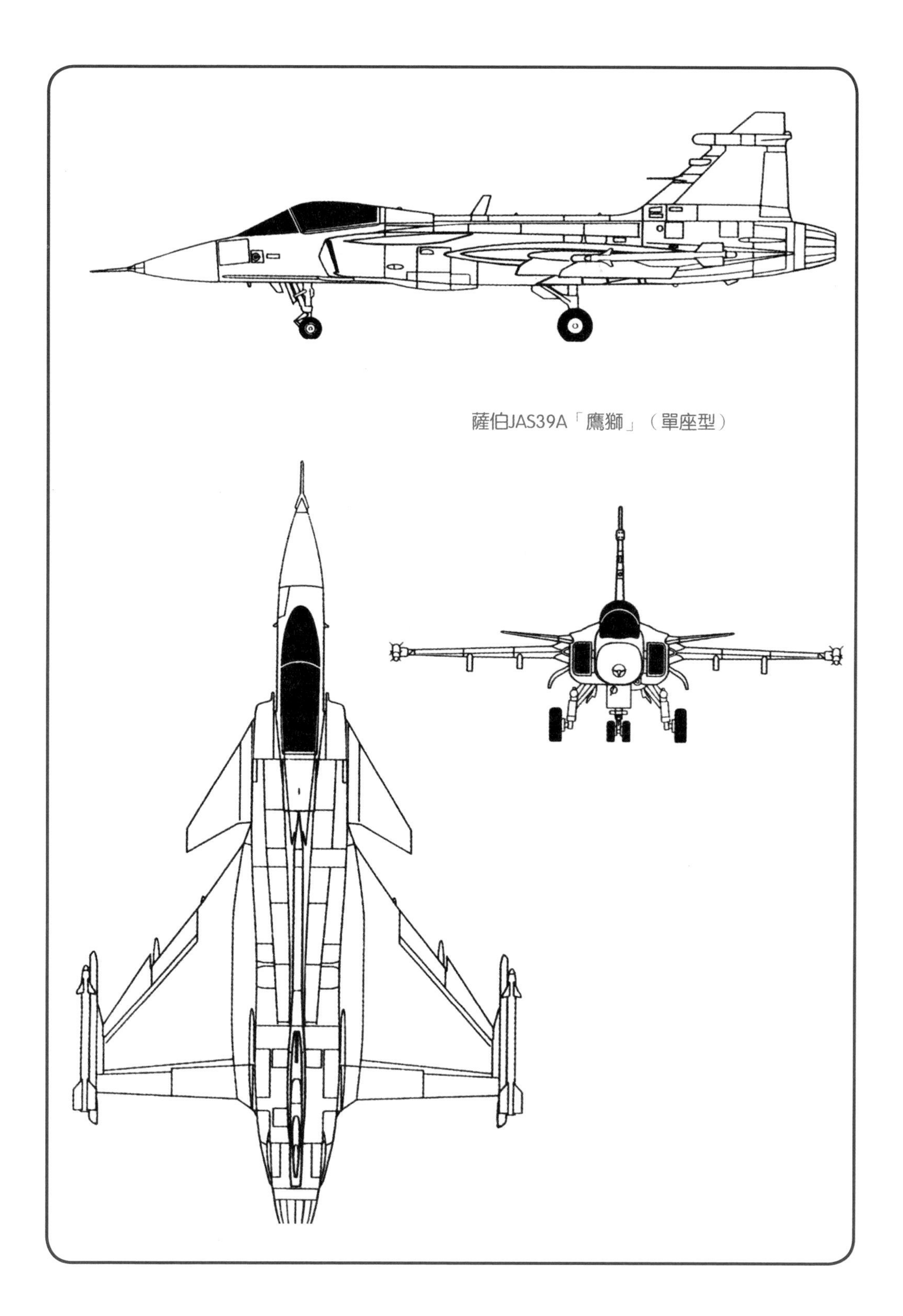
薩伯JAS39A「鷹獅」（單座型）

下圖：新老戰鬥機的會面。在1997年的巴黎航展上，一架由瑞典百年靈戰鬥機收藏組織收藏的P-51D「野馬」正與一架「鷹獅」編隊飛行。在這次飛行表演中，坐在老式戰鬥機後座位置的是斯蒂格・霍姆斯特姆——前薩伯公司試飛員，也是駕駛JAS39飛行的第一人。

戰機5　達索「陣風」

上圖：「查爾斯・戴高樂」號航空母艦上的一架「陣風」M被彈射器的水蒸氣烘托著，構成了一幅壯美的畫面。當法國開始採購「陣風」時，法國海軍航空兵對它的需要甚至比法國空軍（AdA）還強烈，所以第一架作戰型飛機交給了蘭迪維索的第12艦載機中隊。這樣一來，法國航母艦載機群便具備了真正意義上的防空能力。

研製與試飛

「陣風」的研製工作要追溯至20世紀70年代中期，當時法國海軍（航空兵）和法國空軍（AdA）開始著手尋找未來可以代替現役和即將服役的飛機的方案。為了降低成本，兩個軍種在性能要求上達成一致意見，並共同發佈方案要求。

法國國防部發佈了嚴苛的性能要求，要的是一種可變任務戰鬥機，能夠全晝夜、在各種天氣條件下，執行各種空對空和空對地作戰任務。當時，這些任務是由各種不同型號的飛機完成的，如「美洲虎」、「幻影」F1C/R/T、「幻影」2000/N、「超軍旗」、「軍旗」IVPM和F-8P「十字軍戰士」。此外，這種設計的生命週期成本也要在可承受的範圍內，包括較低的燃油消耗、較低的維護成本，以及較長的機身和發動機使用壽命。

在新型戰鬥機的研製中，歐洲合作是降低成本的一種方式，但是法國曾經與英國、德國和意大利達成的協議因為飛機重量問題而擱淺。法國軍隊需要的是一種可變任務平台，飛機重量在9噸（19840磅）左右，並具有在航母上起降的能力，而其他參與各方需要的是一種較重的防空戰鬥機，重量在10噸（22045磅）左右。歐洲合作計劃最終孕育出了歐洲戰鬥機「颱風」。

第一架「陣風」——採用白色塗裝的「陣風」A驗證機——在巴黎附近的聖克盧揭開了面紗，那是在1985年12月由馬爾塞勒・達索牽頭的一次慶典上。從那以後，最初的進展非常迅速，1986年7月4日，在法國東南部的伊斯特，「陣風」在達索試飛中心進行了首飛。為了降低第一個架次通常會面臨的風險，這架飛機安裝的是兩台性能可靠的通用電氣F404-GE-400渦扇發動機，美國的F/A-18A/B使用的也是這種發動機。這架驗證機擁有全動鴨翼，先進的線傳（FBW）飛行

左圖：「陣風」A技術驗證機曾在伊斯特的EPNER（法國試飛員學校）外面公開展示過很多年。後來它被轉移到了達索公司在聖克盧工廠外面的展示區，但是後來它又被轉移了，因為當地政府抱怨它導致外面馬路上的交通事故急劇上升！

右圖：「陣風」B301，是第一架生產型飛機，從位於波爾多的工廠起飛進行首飛，駕駛飛機的是達索首席飛行員依夫・克雷爾夫，坐在後座的是該工廠的首席飛行員菲利普・德利姆。1998年12月，這架飛機被交付給了法國試飛中心。B301最初飛行時還沒有安裝前扇區光學系統（FSO），翼尖的「魔術」2導彈後來也很少見了，因為F2標準的「陣風」引進了「米卡」紅外導彈。

控制系統（FCS）和很大的三角翼，第一次在法國之外的公開展示是1986年9月的英國范堡羅航展。1990年5月，斯奈克瑪公司（即法國國營航空發動機研究製造公司）生產的M88渦扇發動機取代了左側的F404發動機，這種新型發動機使「陣風」可以在不開加力的情況下實現「超音速巡航」，飛行速度達到了1.4馬赫。1994年1月，「陣風」A完成了865個架次的飛行後退役。

當柏林牆倒塌、蘇聯解體後，該計劃的地位也急劇下滑。這些國際巨變使得法國的國防開支銳減，法國空軍也進行了重組，「幻影」5F機群迅速退役，55架「幻影」F1C被升級到「幻影」F1CT戰術戰鬥機的標準。本來用於加速新型戰鬥機計劃進行的經費泡湯了，研究和發展進度也慢了下來，因為法國空軍把更多的資源用於升級原有的「幻影」2000C。

為了滿足各種作戰需要（防空、空優、精確攻擊、核攻擊和偵察），法國軍方表示自己需要兩種型號的「陣風」——一種單座型，即所謂的「陣風」C（C是法語「戰鬥機」的首字母）；一種雙座型，即所謂的「陣風」B（B是法語「雙座」的首字母）。1991年5月，全身黑色塗裝的「陣風」原型機C01在伊斯特首次飛上天空。但是由於經費原因，原計劃中的第2架單座原型機從來就沒有製造過。

C01與早期的驗證機有非常明顯的區別。儘管整體佈局沒有改變，但是C型原型機的尺寸和重量都略小。此外，進行了一些改進來降低「陣風」戰鬥機原來非常明顯的雷達截面（RCS）。這其中包括採用黃金塗層的座艙蓋、重新設計的機身與垂尾連接部分、採用了雷達吸波材料（RAM）和更為圓潤的翼根整流罩。而且還大量使用了複合材料，既能減少重量，又能降低RCS。C01的鴨翼採用了超塑成型的擴散結合鈦合金製造，而機翼則採用了碳纖維。

從根本上說，達索公司的設計師們研製出了一種很簡潔的戰鬥機，採用固定式進氣道，沒有專門的減速板，從而降低了維護難度。但是同時，達索公司也引領了一些新技術的進步，例如冗余的高壓（350bar，即5000磅/平方英尺）液壓系統和變頻交流發電機，這些都有助於提高可靠性和安全性。事實證明這些獨特的想法非常成功，並為其他飛機製造商所採用，例如，空中客車公司的A380。

與「幻影」2000一樣，「陣風」的設計構想也要滿足北約的通用標準，達索公司的設計師們嚴格遵守了北約標準化協議（即Stanags）。因此，「陣風」的主要系統都能夠與北約的系統兼容。「陣風」的無線電設備具備「Have Quick」的安全性能，而其空中加油設備也能夠使用北約的「插頭—錐套」式系統。而且，敵我識別系統（IFF）也完全通用，多功能信息分佈系統—小容量終端（MIDS-LVT）也被設計為能夠與其他北約成員協作。通用性在武器方面也有所體現。GBU-12，一種使用最廣泛的空對地武器，已經開始在「陣風」上安裝使用了，戰鬥機的14個北約通用外掛點具有攜帶各種其他武器的靈活性。「陣風」甚至可能攜帶Mk82/83/84自由落體炸彈和GBU-22/24「鋪路石」III激光制導炸彈（LGB）等武器。

「陣風」C01最初用於飛行包線擴展和M88-2發動機的測試。後來它被用於武器發射/投擲測試（機炮和「魔術」II）和人機界面測試。它已經老了，該退役了。但是，它仍然被用於發動機測試，並參與M88-3研發計劃。

自從在20世紀80年代中期引進雙座型「幻影」2000N之後，法國空軍就傾向於使用雙座型戰術戰鬥機。最初，法

下圖：1996年范堡羅航展上的「陣風」海軍型原型機，垂尾上的數字是「陣風」戰鬥機當時全部的飛行次數。當然在航展期間，這一數字也是在不斷更新的。

國空軍只打算購買25架雙座型「陣風」用於改裝訓練。但是海灣戰爭的研究表明，專門的雙座機更適合執行複雜的攻擊任務。在惡劣的天氣和高強度的作戰條件下，單座的「美洲虎」和「幻影」F1的飛行員工作負擔似乎太重了。雙座的「幻影」2000N和2000D的作戰經驗表明，在高威脅環境中執行空對地攻擊任務，飛行員和武器系統操作員（WSO）分擔工作負擔是更好的解決方案。另外

上圖和下圖：儘管名號中沒有「超級」之稱，達索公司自己出資研製的「幻影」4000原型機仍然是F-15級別「超級戰鬥機」的再現，這種飛機出現於1986年，是「陣風」計劃的試驗機。在很多領域中，它被用於研究安裝近距耦合鴨翼的飛機在湍流中的性能。

一個推動原因是，增加的操作員功能的需要。

「陣風」B01是唯一一架雙座原型機，首飛於1993年4月，用於火控/武器系統測試，包括RBE2雷達和所謂的「『陣風』戰鬥機對抗威脅的自衛設備」（SPECTRA，即「頻譜」）電子戰系統。後來它參加了武器投擲和重載試飛，這架戰鬥機通常要攜帶兩個528加侖（2000升）的副油箱，兩枚「阿帕奇/斯卡普」（也稱「風暴陰影」）巡航導彈和4枚空對空導彈。它甚至採用這種佈局進行了多次飛行表演，展示了這種飛機在極端載荷條件下的機動性。與單座型相比，雙座型要重771磅（350千克），攜帶的燃油卻要少106加侖（400升）。但是，它的作戰能力並沒有下降，前座艙和後座艙沒有太大區別，所以飛行員和WSO都可以執行作戰任務。但是一般來說，坐在前座艙的飛行員負責空對空模式，而坐在後座艙的WSO負責處理空對地功能。

法國海軍航空兵已經苦苦等待一種新型艦載戰鬥機很久了，以替換老舊的達索「軍旗」IVPM、沃特F-8P「十字軍戰士」和達索「超軍旗」現代改進型。曾經有一段時間法國海軍曾仔細考慮過選擇F/A-18「大黃蜂」作為代替品，但是法國新式戰鬥機的海軍型似乎更為合適。資金的缺乏導致海軍型的研製進程滯後，法國海軍不得不將老式的「十字軍戰士」進行現代化改裝，以維持有限的防空能力。

儘管為了讓「陣風」可以在航母上起降而對其進行了很多改造，但是單座的海軍型仍然與空軍的單座型有很高的通用性。因此，多梁式機翼無法折疊。這降低了結構複雜性和重量，但是卻限制了航母可搭載的飛機數量，無論是甲板上還是機庫中。能夠緩解這一問題的一個途徑是「查爾斯・戴高樂」號航母的尺寸較大——法國海軍中最先進的核動力航母——當然，這只是與以前的「克裡蒙梭」和「福煦」號相比。

「海軍化」的結晶是「陣風」M（M是法語「海軍」的首字母），機身結構進行了強化，加裝了尾鉤，強化了主起落架以吸收較高的垂直速度，加裝了內置的帶動力的梯子，既方便進出座艙，又減少了對地面輔助設備的依賴。此外，M型垂尾頂部還安裝了新型的Telemir系統，便於飛機的慣性導航系統和航母的導航設備進行數據交換。它還安裝了艦載微波著陸系統。最明顯的改進是加長了鼻輪支桿，這使得機鼻的離地高度顯著提高，但是也使得機身中線前方的武器掛架不得不取消。為了增加與美國航空母艦的通用性，鼻輪支腿上還加裝了彈射桿和「制動」系統，以便於法國海軍的艦載型「陣風」在美國的「平頂船」上起降。所有這些改進使得海軍型「陣風」比空軍型要重大約1100磅（500千克）——這一數字略低於預期的海軍型設計要求。不用說，這種新型戰鬥機的性能比老式的F-8P「十字軍戰士」有顯著的提高，它的設計目標是能夠對抗2030年甚至之後的威脅。

在進行了深入研究之後，法國海軍航空兵修改了採購計劃，加入了一種雙座型，即「陣風」N（N代表海軍）。它和單座型「陣風」M有很高的通用性，但是攜帶的燃油稍微少一點：9888磅（4485千克），而不是10362磅（4700千克）。達索的工程師們已經開始了新型號的研製，很明顯將採取一些改進措施。機身和鼻輪加大了，30 M 791機炮被迫取消，以便為重新更換位置的設備留出空間。此外，座艙蓋鉸鏈也必須加強，以抵禦航母甲板上的強風。

艦載適應性測試在計劃研製初期就開始了，當時「陣風」A驗證機在即將退役的「克裡蒙梭」號航空母艦上進行低空進場。儘管「陣風」A還不具備艦載性能，但是它仍與「福煦」號航空母艦一道進行測試，以檢驗其在接近航母時的低速飛行性能。「福煦」號的排水量要高於「克裡蒙梭」號。之後專門製造了兩架海軍型原型機——「陣風」M01和M02，1991年12月M01的交付標誌著「陣風」海軍型研製的全面展開。

「陣風」第一次彈射器測試是在美國新澤西州萊克赫斯特的海軍航空站進行的，時間是1992年夏天。測試之所以在那裡進行，是因為歐洲最後的相關試驗設施——英國皇家航空研究中心（RAE）在貝德福德的彈射測試平台，隨著英國皇家海軍「皇家橡樹」號航空母艦的退役而關閉了。1993年4月在「福煦」號航空母艦上進行真實的降落之前，「陣風」M01於2—3月在萊克赫斯特進行了第二輪測試。這些試飛都是由達索首席飛行員依夫・克雷爾夫駕機完成的。「陣風」M02於1993年11月在伊斯特首飛，而同年11—12月，M01在萊克赫斯特進行第三輪試飛。隨後在萊克赫斯特和「福煦」號航空母艦上進行的測試都是在極端條件下進行的——包括攜帶330加侖（1250升）和528加侖（2000升）副油箱起飛和降落。1999年7月依夫・克雷爾夫駕駛M02在「查爾斯・戴高樂」號航母上進行了「攔阻降落」和彈射起飛。M02後來被用於F2標準「陣風」的研製，而M01則退役。2001年6月，在法國布爾熱機場舉辦巴黎航展期間，M01在巴黎市中心的協和廣場上進行了靜態展示。

有報告顯示「陣風」M具有出色的「攜帶載荷返航」性能，能夠攜帶較重的未使用的武器進行「攔阻降落」。在試飛中，所有的原型機安裝的都是固定式受油管——位於機鼻右側、擋風玻璃前方，能夠在長航時測試中接受C-135FR的空中加油。

為「陣風」研製斯奈克瑪M88發動機是一項艱巨的任務，但是據說這種新式發動機能夠滿足新式戰鬥機的需要。空戰和低空滲透的需要，必然意味著「陣風」要採用具有創新性的發動機。它必須能夠在各種飛行狀態下具有很高的推重比和較低的燃油消耗率，發動機壽命也要很長。斯奈克瑪公司提出了一種先

下圖：M01號機被當做機載系統和氣動性能測試平台的「海陣風」，在美國新澤西州萊克赫斯特的海軍航空站（NAS）模擬甲板上和法國海軍的「福煦」號航空母艦上進行了多次試飛。這個角度更能顯示出「陣風」不安裝掛架、沒有「頻譜」（SPECTRA）和FSO「腫包」時流暢的線條。這是第二架進行試飛的生產型「陣風」，於1999年7月交付試飛。除此之外，它還在伊斯特承擔F2標準「陣風」的研製任務試飛。

上圖和下圖：「陣風」在航空母艦上的降落要比「十字軍戰士」或「超軍旗」的「攔阻降落」容易得多，這得益於該型機的眾多特點，包括微波著陸系統。贏得更多讚譽的是自動油門和FCS，它們能夠使飛機的降落全程以預定的速度和攻角（通常是16°）飛至3根阻攔索中央，只需飛行員做輕微的修正。艦載的DALAS雷射輔助系統可以進行光學和激光跟蹤，可以讓著艦指揮官（LSO）以很高的精度監控進場過程。

進的雙轉子渦扇發動機，為各種型號的「陣風」提供動力——它是法國第三代戰鬥機發動機的代表（第一代是「幻影」III/IV/V/F1安裝的「阿塔」系列發動機；第二代是「幻影」2000使用的M53發動機）。該計劃正式開始於1986年，第一次測試平台試驗在1999年2月進行。發動機的首次試飛（安裝在「陣風」A

上）在1990年2月，1996年初完成鑒定試驗，同年年底第一台發動機原型機交付使用。據斯奈克瑪公司稱，至2001年，該發動機的試驗型和生產型累計運行23000小時，其中8000小時是在測試平台上進行的。發動機原型機的飛行時間為11000小時，M88-2系列的飛行小時數則為4000。

M88的運行溫度比前兩代發動機要高很多，因此它採用了創新的解決方案，來滿足高性能和耐久性的要求。它採用了先進的技術，例如整體葉盤（即所謂的「blisk」）、低污染燃燒室、單晶高壓渦輪葉片、陶瓷塗層、創新性的粉末冶金渦輪盤和複合材料。此外，M88還不會破壞「陣風」的整體紅外信號，它採用的無煙排放技術可以降低「陣風」被目視發現的概率。M88-2具有重量輕、結構緊湊和較高的燃油效率，淨推力為11236磅（50千牛），加力推力為16854磅（75千牛）。它採用了斯奈克瑪公司的全冗余全權數字式電子控制器（FADEC）系統，使它能夠在3秒鐘之內從空轉狀態加速至全加力狀態。「不用操心」發動機操縱技術可以使飛行員在飛行包線內隨時將油門從戰鬥狀態拉至空轉狀態、再推回戰鬥狀態。此外，它還能自行處理一些小故障，而無需告知飛行員。壓縮機使用的是三級低壓風扇和六級高壓壓縮機。發動機的峰值溫度達1850開氏度（1577攝氏度/華氏2870度），壓比達24.5：1。最大淨推力時，燃油消耗率為0.8kg/daN.h，開加力時增至1.8kg/daN.h。

下圖：安裝在測試平台上的M88-2發動機。這種發動機很緊湊，它的配件也便於安裝，方便平時維護。

發動機的研製採用了階段性方法，前29台生產型發動機是按照M88-2第1階段標準生產的。後來法國國防部（MoD）訂購的渦扇發動機則全部按照M88-2第4階段標準生產，其特點是延長了大修間隔時間（TBO），這是因為高壓壓縮機和渦輪機經過了重新設計。M88同時具有優良的低空滲透和空戰飛行狀態，而且既具有極高的推力，又具有很低的使用成本。

斯奈克瑪公司表示，保守估計的M88

左圖：「陣風」C01採用了黑色塗裝，翼尖安裝了兩枚「魔術」II紅外制導空對空導彈。「陣風」服役後，這種比較老舊的導彈將被「米卡」紅外導彈取代。

訂單數量為160台，法國國防部（MoD）最終將為其訂購的294架「陣風」戰鬥機購買700台發動機。在默倫—維拉羅什進行生產，目前速度是每月4台，以後會增加至每月6台。此外，生產還有一定的靈活性，如果有出口訂單的話產能還可以提高，M88還能為其他飛機提供動力，例如德國的「馬可」教練機。

儘管M88的設計要求是在低空和高空都具有良好的性能，而且能夠迅速對飛行員的油門操作作出反應，但是一些潛在客戶還是擔心這種發動機在有些時候不夠強勁——尤其是防空和空優任務時。斯奈克瑪公司因此開始了新型M88的研製，即所謂的「M88-3」，開加力時推力可達20225磅（90千牛）。這與最初的M88-2相比動力輸出增加了20%，當然提升的不只是推力一項。耐久性也得到了提高，用戶可以為發動機選擇16854磅（75千牛）的「平時」推力等級，這可以在短短幾分鐘的地面程序內實現。設計師們甚至考慮在座艙內安裝一個開關，讓飛行員可以在飛行中選擇推力等級。

設計師們還在努力提高M88-2和M88-3之間的通用性。據斯奈克瑪公司說，發動機零件之間的可互換率大約是40%。M88-3的特點是為速度更高的氣流而重新設計的低壓壓縮機——每秒鐘159磅（72千克），原來是143磅（65千克）——全新的高壓渦輪機、定子葉片級，改進過的加力燃燒室和相適應的噴嘴。發動機重量也有所增加，從M88-2第1階段發動機的2017磅（915千克）增至M88-3發動機的2171磅（985千克）。儘管M88-2和M88-3之間的可互換率很高，但M88-3為了適應速度更高的氣流而略微增大了進氣道。全新的固定式進氣道經過簡單改裝即可安裝在現有機身上，而不會增加阻力或RCS。

新型發動機還將改善「陣風」的起飛距離、爬升率和穩定盤旋率，而且，儘管M88-3更為強勁，但是它的燃油消耗率與M88-2相同。M88-3全尺寸試驗機的生產完成於2001年，2005年完成鑒定試驗。按照原訂計劃，M88-3在「陣風」C01上進行200個小時的試飛，2006年開始交付使用。

從一開始，「陣風」的設計載油量就很高——單座型的內油箱可攜帶1519加侖（5750升）——戰鬥機可攜帶副油箱的外掛點不少於5個。可攜帶兩種副油箱，一種是330加侖（1250升）的超音速副油箱，可攜帶在5個可攜帶副油箱的外掛點中的任意一個下面；而另一種528加侖（2000升）的副油箱只能攜帶在機身中線和機翼內側的外掛點下。如前面所述，「陣風」還安裝了固定式空中受油管。為了保證空軍能夠執行航程特別長的任務，達索公司還開發出了304加侖（1150升）的可拆卸式保形油箱（CFT），可以安裝在機翼和機身的上表面。與傳統油箱相比，CFT的阻力更低，而且節省出的翼下外掛點可以攜帶彈藥。CFT可以使「陣風」的最大外部載油量提升至2853加侖（10800升），並且可以在兩小時內完成安裝和拆卸。「陣風」還有安裝內置式CFT的能力，這種保形油箱可安裝在各種型號的「陣風」戰鬥機上，包括海軍型和雙座型。2001年4月18日，CFT首次在伊斯特完成首飛，使用的飛機是雙座原型機B01，由試飛員埃裡克・傑拉德駕駛。攜帶CFT時的超音速性能也得到了驗證——安裝CFT的戰鬥機飛行速度達到了1.4

下圖：「陣風」M01準備從「福煦」號航空母艦甲板上起飛。飛機攜帶了兩枚「魔術」II和兩枚「米卡」空對空導彈，以及兩個1250升的副油箱。

馬赫——各種武器配置也都成功測試過了，如空對空作戰任務時的「米卡」導彈；遠程攻擊任務時的3個528加侖副油箱；兩枚「斯卡普」防區外發射導彈和4枚「米卡」導彈。據說CFT對飛機操縱性能的影響微乎其微。

現在「陣風」已經達到了完全作戰狀態，是當今世界上最先進的戰鬥機之一。而RBE2有源相控陣雷達和M88-3發動機又得到了法國國防部的大力支持，因此「陣風」在海外市場上也很有競爭力，已經有多個國家表現出興趣了。持續的升級可以保證「陣風」一直處於達索公司向海外出售戰鬥機清單的前列。達索公司未來會認真考慮的改進措施是降低RCS。達索公司正在努力推進一種新型系統，可以遮蔽外掛武器。這種全新的隱身外形在武器發射前會先拋掉。或者，也可能會考慮筒式發射導彈。

向外出售先進戰鬥機面臨著激烈的競爭——達索公司也發現了這一點。即便是最親密的盟友，美國也不願向其提供武器的軟件源代碼，而法國則沒有這些顧慮，這將有助於法國軍火公司與海外客戶建立良好的關係。

達索「陣風」

1. 凱夫拉複合材料雷達罩
2. 泰利斯公司的RBE2電子掃瞄下視/下射多模式雷達掃瞄裝置
3. 固定式（可拆卸）空中受油管
4. 前扇區光學系統（FSO）–紅外搜索與跟蹤（IRST）設備
5. FSO–被動視覺、低照度電視（LLTV）
6. 前視光學系統模塊
7. 空氣流量傳感器，俯仰與偏航
8. 總溫傳感器
9. 雷達設備模塊
10. 動態測壓探針
11. 座艙前氣密隔板
12. 儀表盤罩
13. 方向舵腳蹬
14. 座艙蓋緊急拋射器
15. 冷光源編隊條形燈
16. 可選擇的機鼻起落架部件，用於「陣風」M
17. 彈射索連桿
18. 甲板進場和識別燈
19. 阻力撐桿
20. 液壓收縮千斤頂
21. 鼻輪艙
22. 左側控制板
23. 發動機油門桿，顯示圖像控制器和手控節流閥控制系統（HOTAS）。線傳飛控系統的側桿控制器位於右側
24. 肘襯
25. 飛行員的廣角全息抬頭顯示器（HUD）
26. 無框風擋
27. 座艙蓋，開啟狀態時的位置
28. 湯姆遜–CSF公司的ATLIS II激光指示吊艙，安裝於右側進氣道附近的掛架下
29. ATLIS II安裝掛架適配器
30. 後視鏡（3面）
31. 飛行員頭盔及綜合視覺顯示器
32. 座艙蓋，鉸接於右側
33. 飛行員的SEMMB（獲得了馬丁—貝克公司的生產許可）Mk16F零—零彈射座椅
34. 機身前段/座艙部分全複合材料碳纖維結構
35. 側面設備艙，左側和右側都有
36. 機鼻起落架樞軸安裝點
37. 鼻輪艙門處安裝的下方UHF天線

38. 滑行燈

39. 液壓轉向動作筒

40. 雙輪鼻輪，向前方收起

41. 液壓收縮和閉鎖撐桿

42. 左側發動機進氣道

43. 附面層分流板

44. 機腹進氣道溢氣口

45. 左側傾斜式「頻譜」（SPECTRA）ECM天線

46. 「頻譜」（SPECTRA）RWR天線

47. 機載制氧系統（OBOGS）

48. 座艙蓋中部拱起和支撐架

49. 埋入式電子操縱的座艙蓋緊急破碎器

50. 電路斷路器和診斷面板

51. 航電設備艙

52. 鴨翼液壓動作筒

53. 鴨翼鉸鏈座

54. 環境控制系統（ECS）設備艙

55. 座艙蓋緊急拋射器

56. 座艙增壓溢流閥

57. 鴨翼鉸接固定裝置

58. 右側鴨翼

59. 碳纖維鴨翼結構，蜂窩狀內部結構

60. 右側導航燈

61. 空調系統熱交換排氣管

62. 機身內部鋁鋰合金基本結構

63. 進氣道

64. 機身內部油箱，內部容量為1407加侖（5325升）

65. 左側主縱梁

66. 衛星通信（SATCOM）天線

67. 背部整流罩，內部為系統管道

68. 防撞燈

69. 右側機身整體油箱

70. 凱夫拉複合材料機翼/機身整流板

71. 右側機翼整體油箱

72. 機翼外掛點

73. 前緣縫翼液壓千斤頂和位置報告器

74. 縫翼導軌

75. 右側兩段式自動前緣縫翼

76. 右側副油箱

77. GIAT公司的 30M791 30毫米機炮，位於右側機翼根部

78. 前向RWR天線

79. 翼尖固定式導彈掛架/發射導軌

80. 馬特拉公司的「米卡」空對空導彈（紅外制導型）

81. 後向RWR天線

82. 右側外側升降副翼

83. 副翼液壓動作筒

84. 機翼碳纖維蒙皮

85. 內側升降副翼

86. 機身鋁鋰合金蒙皮，碳纖維機腹發動機艙檢修窗口

87. 輔助動力裝置（APU）進氣格柵

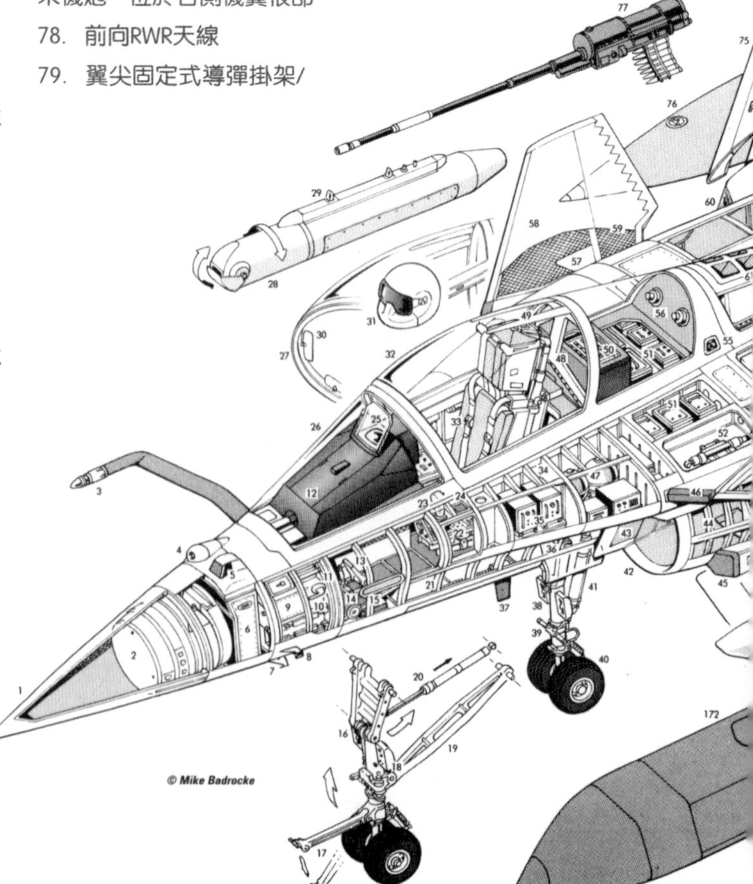

88. 微型渦輪發動機公司的APU

89. 機翼與機身採用鍛造和機械式連接

90. 發動機壓縮進氣道和可變導流葉片

91. 斯奈克瑪公司的M88-2加力渦扇發動機

92. 發動機前部安裝架

93. APU排氣管

94. 碳纖維發動機外涵道

95. 發動機後部安裝架

96. 垂尾連接主機身

97. 翼根螺栓連接件

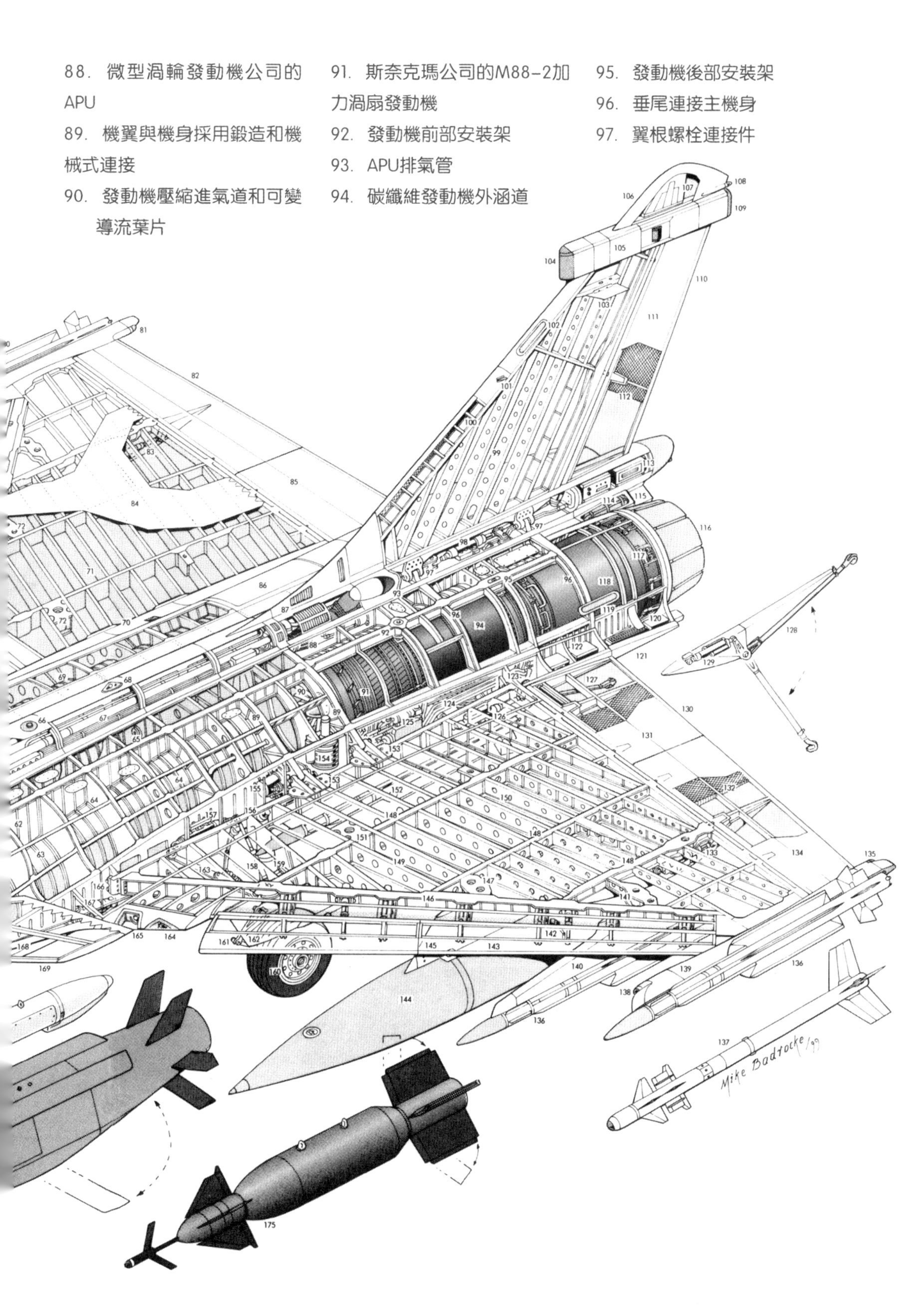

98. 方向舵液壓動作筒
99. 碳纖維多梁垂尾結構
100. 碳纖維前緣
101. 飛行控制系統氣流傳感器
102. 編隊條形燈
103. 甚高頻全向信標（VOR）定位天線
104. 前向ECM發射天線
105. 「頻譜」（SPECTRA）整體式ECM系統設備罩
106. 垂尾頂部的天線整流罩
107. 甚高頻（VHF）/超高頻（UHF）通信天線
108. 尾部航行燈
109. 尾部ECM發射天線
110. 方向舵
111. 碳纖維方向舵蒙皮
112. 鋁制蜂窩狀內部結構
113. ECM設備和天線整流罩
114. 減速傘艙
115. 發動機艙排氣頂窗
116. 可變面積加力燃燒室噴嘴蓋板
117. 噴嘴動作筒（5個）
118. 加力燃燒室管道
119. 編隊條形燈
120. 箔條/誘餌發射器
121. 機翼後緣翼根延伸段
122. 飛行控制設備
123. 機翼尾梁連接點
124. 發動機附件設備
125. 發動機油箱
126. 內側升降副翼液壓動作筒
127. 儲能（彈簧承載）跑道緊急著陸鉤
128. 甲板著陸鉤，「陣風」M
129. 著陸鉤液壓動作筒和減震器
130. 左側內側升降副翼
131. 碳纖維升降副翼蒙皮
132. 鋁制蜂窩狀內部結構
133. 機腹整流罩內的升降副翼液壓動作筒
134. 左側外側升降副翼
135. 左側後向RWR天線
136. 馬特拉公司的「米卡」雷達制導（EM）空對空導彈
137. 馬特拉公司的「魔術」II短程空對空導彈
138. 前向RWR天線
139. 左側翼尖導彈掛架/發射導軌
140. 機翼外側導彈掛架
141. 外側掛架硬連接點
142. 前緣逢翼導軌和液壓千斤頂
143. 左側自動前緣逢翼，採用超塑成型的擴散結合鈦合金製造
144. 449加侖（1700升）副油箱，528加侖（2000升）副油箱可掛載在內側掛架或機身中線下方
145. 左側機翼中部掛架
146. 前緣翼梁
147. 中部掛架硬連接點
148. 鈦合金翼肋
149. 碳纖維多梁翼板結構
150. 左側機翼整體油箱
151. 內側掛架硬連接點
152. 機腹後部馬特拉「米卡」導彈掛架
153. 翼板鈦合金螺栓連接固定裝置
154. 液壓油箱和蓄壓器，左側和右側都有，獨立雙系統
155. 安裝於機身的配件設備變速箱，依靠發動機驅動，左側和右側的變速箱相互連接
156. 主起落架支腿樞軸支架
157. 液壓收縮千斤頂
158. 支腿旋轉連桿，機輪平躺在進氣道下方
159. 主輪減震支桿
160. 左側主輪
161. 扭接連桿
162. 內側機翼掛架
163. 主輪支腿緩衝支桿
164. 左側航行燈
165. 著陸燈
166. 前梁/機身連接點
167. 電動備用液壓泵
168. 機翼/機身稜錐
169. 左側鴨翼
170. 位於機身右側的機炮炮口
171. 羅比斯公司的前視紅外（FLIR）吊艙，安裝在左側進氣道下方
172. 馬特拉公司的「阿帕奇」防區外發射子彈藥撒布器
173. 可折疊翼板
174. 「阿帕奇」可拋棄的獨立式發動機進氣口整流罩
175. 馬特拉公司的BGL1000激光制導2205磅（1000千克）高爆（HE）炸彈

航電設備

與其他現代化作戰飛機一樣，「陣風」奪取制空權依靠的也是由多種系統構成的先進航電設備，這些都有助於提高飛行員的態勢感知能力。這其中包括傳感器、電子戰設備、導航和敵我識別設備，以及顯示器。很難說其中哪一種傳感器最為重要，因為「陣風」的雷達、前扇區光學系統（FSO）和「頻譜」（SPECTRA）電子戰系統都能夠提高態勢感知能力，從不同來源獲得的數據最終融合成一個戰術圖像，並將其顯示在中央平視顯示器上。所有的傳感器都有各自的優點和缺點。一方面，被動式FSO具有出色的抗干擾能力，它的角度分辨能力要優於雷達。另一方面，與FSO相比，雷達在探測遠距離目標時的精確度更高，跟蹤的目標也更多；「頻譜」（SPECTRA）電子戰系統則能夠分析敵方的雷達輻射並準確識別出發射器。數據融合系統將傳感器收集到的數據加以綜合和對比，從而對目標進行精確定位和主動識別。

綜合系統遠不止是提供簡單的相互關聯，還能為飛行員提供準確的和清楚的戰術圖像。以前，飛行員要用大腦來處理雷達和肉眼獲得的信息，並在大腦中形成態勢圖像。「陣風」的航電設備負責處理數據，減輕了飛行員的工作負擔，使機組成員可以把更多的時間用於戰術管理。這樣一來，飛行員集中精力於戰鬥，而不是飛行。此外，「陣風」的多通道武器系統能夠同時處理空中和地面威脅。例如，即便雷達處於空對面模式，FSO仍能夠探測和跟蹤敵方的截擊機。

「陣風」作戰能力的核心是模塊化數據處理單元（MDPU），它是由外場可更換模塊組成的。MDPU是由現成的商業化部件組成的，有助於提高航電設備和武器的一體化程度。由於採用了冗余、開放和模塊化架構，系統的適應能力很強，研製中的新式航電設備和武器能夠很容易地安裝。此外，系統設計之時還考慮到了後續改進，所以飛機從一個標準升級到另一個標準不成問題。值得注意的是，F1標準的「陣風」M並沒有安裝MDPU，而採用了技術比較落後的系統。但是，MDPU卻安裝在法國空軍首批生產型F1標準的「陣風」上——B301、B302和C101。

B-1B「槍騎兵」和米格-31「捕狐犬」採用了相控陣雷達，這一技術沒有逃過法國設計師的眼睛，他們很快發現這種革命性技術代表著未來的發展方向。當美國為其F-22和未來的戰鬥機裝備相控陣雷達時，這一趨勢更為明朗了。據此，法國雷達專家們也制訂了雄心勃勃的研製計劃，要為多種作戰系統研製本國的電子掃瞄雷達，包括軍艦和新型戰鬥機。「陣風」是第一款從這一龐大計劃中受益的飛機。

左圖和下圖：飛行員和武器系統操作員（WSO）可以從飛機系統中獲得相同的信息，他們可以根據特定的需要進行合理的分工。一般來說，飛行員專注於空中威脅，而WSO負責對付地面目標。2002年中，所有的13架F1標準的「陣風」都飛上了藍天。其中10架是為法國海軍生產的，另外兩架B型和1架C型被用做F2標準型的試飛機。

在效率方面，電子掃瞄雷達相比機械式平面天線雷達具有飛躍性的提高。它們不需要複雜的制動器來驅動天線，可靠性和隱身性也更強。波束切換非常準確，縱向和橫向都接近實時，在邊搜索邊跟蹤模式下能夠保證對探測到的目標很高的「再訪問率」。現代空戰戰術表明，對抗邊搜索邊跟蹤模式的機械掃瞄雷達，通常採用兩架飛機相互飛離的戰術來迷惑截擊機的雷達。在這種情況下，相互飛離的飛機將從屏幕上消失。但是對邊搜索邊跟蹤模式的電子掃瞄雷達來說，這種戰術完全無效。更重要的是，電子掃瞄雷達能夠分配好不同模式的工作時間，這樣就能同時完成不同的任務。強勁的數據處理器和無與倫比的波束捷變能力，使「陣風」能夠在特定模式下插入多種功能。雷達結合了搜索、跟蹤和導彈制導功能，並能夠同時處理這些功能，而優秀的戰鬥機/數據鏈可以使其在不利的環境中仍具有很好的火控性能——這有助於提高「陣風」武器系統的整體殺傷力。此外，固定陣列雷達可以有效降低反射信號。總體來說，這些因素有助於提高作戰效率和隱身性能。

左圖：伊斯特的座艙測試台（上圖）使試飛員和工程師能夠對高度複雜的任務和方案進行模擬仿真。第12艦載機中隊的飛行員正坐在「陣風」中滑跑，他戴的是CGF-Gallet公司為法國飛行部隊研製的新型輕質頭盔。這種頭盔能夠與參加「陣風」合同競標的兩種頭盔顯示器（JHMCS，即聯合頭盔目標提示系統和Topsight E）相匹配。左圖中還可看到Mk16F彈射座椅，29°的傾斜角可以提高過載承受能力。

泰利斯機載系統公司研製的RBE2（二軸）電子掃瞄雷達是歐洲研製的第一種下視/下射多模式電子掃瞄雷達。研製這樣一種結構緊湊、性能高的雷達是種挑戰，因為RBE2既要具有很遠的探測距離，又要能夠安裝在「陣風」那相對狹小的機頭中。此外，雷達及相關電子設備還要能夠承受在航母上降落的震動。最初試飛開始於1992年7月，採用的是「神秘」20（編號104）飛機；在「陣風」B01和M02上進行機載試驗之前，最多的時候，試飛中心有不少於5架飛機——3架「神秘」20和兩架「幻影」2000（編號501和502）——

左圖：RBE2雷達具有出色的SAR性能，這張地圖就是研製階段的雷達所獲取的。有了這種圖像，WSO可以為系統指示目標，系統就會將傳感器聚焦於指示位置。

參與了RBE2的研製。後來，「陣風」M1、B301和B302也參與了研製計劃，第一台生產型RBE2交付於1997年10月。這種雷達已經開始在法國海軍航空兵中服役了，儘管F1標準的「陣風」上安裝的這種雷達系統還只具有空對空模式。以後的雷達將提升性能，最終達到F3標準——具備多種空對面模式，包括自動地形跟蹤能力。RBE2最初具備的是空對空能力，F2標準具備空對面功能。

由於採用了獨特的波形設計和電子掃瞄管理，在各種天氣條件下和強電磁干擾環境中，RBE2都能夠進行更遠距離的探測，能夠在下視和上視方位跟蹤40個目標；能夠對8個優先目標進行攔截和開火數據計算；能夠以每兩秒鐘一發的速度發射「米卡」BVR/主動雷達尋的導彈。由於採用了電子掃瞄天線，雷達能夠同時對另外32個目標進行跟蹤，並通過安全的雷達—導彈數據鏈對「米卡」導彈進行中段修正。因此，不但能夠進行遠距離的多發導彈攻擊，即便是對敵方機動中的戰鬥機，它也具有很高的殺傷概率。在進行對地攻擊方面，雷達具有專門的低空和高空導航、目標瞄準、對移動和固定目標進行搜索和跟蹤的功能，當然還有測距和地形迴避/跟蹤功能。在對地攻擊模式下，RBE2能夠提前探測要飛越的地區，生成不斷變化的廣角三維輪廓。採用電子掃瞄技術，地形迴避功能還能夠提高低空高速飛行時的生存能力。

通過採用開放式架構，RBE2具有很高的提升潛力。例如，為F3標準的「陣風」開發的合成孔徑雷達（SAR）地圖繪製模式。它能夠使機組成員在防區外「繪圖」，全天候條件下獲取地面目標區域的高分辨率地圖，為戰鬥機武器系統提供精確的瞄準點。機載試驗在試飛平台上進行，SAR模式於2006年在「陣風」上完全實現。反艦攻擊需要專門的模式，RBE2能夠在高海況下對艦艇進行探測、跟蹤和攻擊。F2標準的「陣風」引入了空對海雷達監視模式，而F3標準的「陣風」戰鬥機的武器系統能夠發射反艦導彈。

作為對雷達的補充，「陣風」安裝了一套綜合光電系統，該系統由3部分組成：前面提到的FSO、「達摩克利斯」激光指示吊艙和新一代偵察吊艙（即Pod Reco NG）。FSO安裝在機頭前側、擋風玻璃前方，能夠提供連續的前扇面視野。它能夠在不同紅外波長下工作，可進行遠距離探測、多目標角度跟蹤，以及對空中和地面目標的測距——也能有效提高「陣風」的隱身性能，因為它能在不打開機載雷達和暴露自身位置的情況下，對敵機進行探測和識別。FSO由兩個模塊組成——紅外傳感器（紅外搜索與跟蹤器，即IRST）和電視（TV）系統——結合護眼型激光測距儀，它們的功能可以互補。監視和多目標跟蹤由機載紅外（IR）監視模塊負責，而目標跟蹤、識別和測距則由左側的電視（TV）/激光模塊負責。不管交戰規則如何受限，FSO都可以把誤向友方開火（即所謂的「blue」on「blue」）的風險最小化，而且可以進行快速毀傷效果評估。儘管這種獨特的監視和識別系統已經在達索公司的「獵鷹」20、「陣風」M02、B01以及B301和B302上測試過了，但是直到第一批F2標準的生產型「陣風」才開始安裝該系統。

左圖：FSO在最大探測距離上捕捉到的「陣風」和「幻影」2000。該系統可以與雷達等系統相結合，因此它能夠在雷達的指引下在很遠的距離上對目標進行識別、突襲評估和持續的被動跟蹤。它還引入了一個激光測距儀——將傾斜距離和偏移點反饋給電腦，以便投擲炸彈。

泰利斯公司生產的新一代「達摩克利斯」激光指示/瞄準吊艙可以與現役的和未來的激光制導武器兼容，例如「鋪路石」激光制導炸彈和精確制導的模塊化空對地武器（AASM）。550磅（250千克）的「達摩克利斯」是新一代吊艙的代表，它的前任是法國空軍的「美洲虎」和海軍航空兵的「超軍旗」安裝的ATLIS，以及「幻影」2000D安裝的PDL-CT/PDL-CTS。「達摩克利斯」採用的新式凝視焦平面陣列探測器和激光技術為其提供了更遠的探測和識別距離，而且可以使飛機在更遠的距離和更高的高度投擲激光制導武器。這可以有效提高飛機在短程和中程防空系統面前的生存能力。它可以為機組成員提供兩種視野：寬的是4°×3°，窄的是1°×0.5°，吊艙安裝的是1個護眼型（波長1.5微米）激光測距儀、1個符合北約3733號標準化協議（即

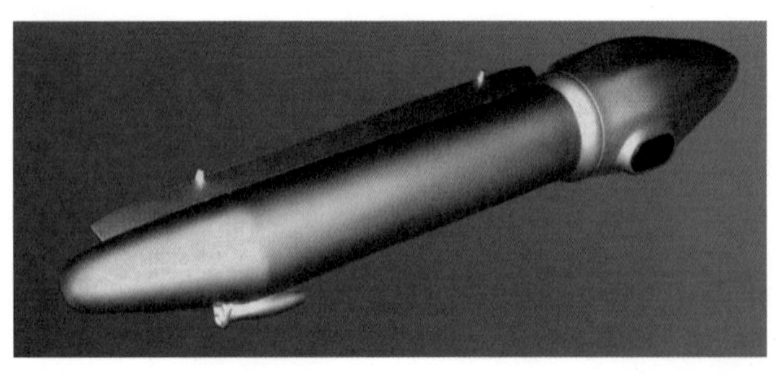

上圖：新一代偵察吊艙為「陣風」提供了很強的數字化偵察能力。頭部可以水平轉動，該吊艙還有一個特殊的功能——能夠自動跟蹤線性目標，例如道路。

Stanags 3733）的激光指示器、一個激光光斑跟蹤器（波長1.06微米）。此外，這些改進意味著該系統能夠進行防區外偵察和毀傷效果評估。

與以前的設計相比，「達摩克利斯」的維護要求和成本相對要低，而且能夠承受在航母上降落的震動。它最初安裝在「幻影」2000-9和「超軍旗」上，2003年開始安裝在「陣風」上。而且，法國海軍航空兵已經為其標準5的「超軍旗」現代化改進型訂購了該系統，法國空軍和海軍的「陣風」也都要安裝。此外，它還將伴隨阿聯酋訂購的達索「幻影」2000-9（30架是採購的，另外33架是由早期的「幻影」2000升級到「幻影」2000-9標準）安裝。按照原訂計劃，從2010年開始，英國和法國聯合研製的光電目標指示吊艙，即所謂的聯合機載導航和攻擊（JOANNA）系統，將會開始在「陣風」上安裝使用，取代「達摩克利斯」。JOANNA的機載試驗開始於2005年。

在執行偵察任務方面，光電技術代表著未來的發展方向，新一代偵察吊艙也會採用這種技術。新一代偵察吊艙也是由泰利斯公司設計和製造的，將會用在改進型「幻影」2000N和「陣風」戰術戰鬥機上。該系統的性能仍然保密，但是可以肯定的是它能夠在防區外獲得極高分辨率的戰場圖像。為了使效率最大化，傳感器使用了不同的波長，吊艙使用了先進的數字式記錄器。此外，它還安裝了數據鏈，能實時中繼傳輸和解讀數據。對於意外出現的目標，飛行員可以通過頭盔顯示器（HMD）來轉動吊艙的傳感器。法國軍方共採購了23套新一代偵察吊艙，其中8套交給法國海軍航空兵。

在「人機」界面上，「陣風」系統能夠減輕機組成員的工作負擔，前面提到的傳感器融合系統不是唯一的創造性設備。「陣風」的HMD和語音控制系統也能有效提高機組成員的態勢感知能力。F3標準的「陣風」將會採用該技術，而語音控制操縱桿（VTAS）概念將給空戰帶來革命性的改變。語音控制系統的研製開始於90年代。在「陣風」上進行全面測試之前，該系統在「阿爾法噴氣」和「幻影」III上進行了大量測試。最初的主要障礙是單詞識別，因為座艙內的噪音會隨著飛行速度、高度和過載的變化而變化。飛行員的聲音也會受到壓力和高過載的影響，但是泰利斯和達索公司的工程師們最終解決了這些困難。現在，客戶可選擇的識別詞彙在90～300個單詞之間。據稱識別率達到了95%，響應時間低於200毫秒。該系統的另一大優點是提高飛行的安全性，在緊急狀態下可以減輕飛行員的工作負擔。

最初，由法國賽克斯坦公司為「陣風」設計帶有氧氣面罩的Topsight全面部HMD。但是研製計劃受到了技術問題和資金短缺的困擾，所以，法國軍方強烈要求考慮代替品。兩家公司參與了競標：埃爾比特公司，其產品為一款聯合頭盔目標提示系統（JHMCS）；另一家公司為泰利斯航電公司（即以前的賽克斯坦公司），產品為Topsight E。要想在競標中獲勝，HMD就必須能夠顯示飛行參考數據，並能夠進行大離軸角武器瞄準和攻擊。這將給法國戰鬥機飛行員帶來前所未有的作戰能力，使「過肩式」發射成為可能，極大地提高作戰效能。Topsight E系統似乎先行一步，因為在2008年裝備F3標準的「陣風」之前，它會先行裝備「幻影」2000-5F。該系統可以安裝在多種頭盔上，包括CGF-Gallet型輕質頭盔——法國空軍訂購了這種頭盔，達索公司的飛行人員和第12艦載機中隊的「陣風」飛行員也在使用這種頭盔。

有批評者質疑法國軍方為何購買大量的雙座型「陣風」，並指責「人機」

下圖：法國空軍所採購的234架「陣風」中，其中95架是單座「陣風」C型。「只有飛行員」的型號主要用於執行空對空任務，但是也具備完整的空對面攻擊能力，這大概是沿用了雙座型飛機的特點。第一支成軍的前線部隊是聖迪濟耶空軍基地的EC 1/7中隊，「陣風」取代的是「美洲虎」。

上圖：2001年5月底，當4架「陣風」M加入「查爾斯・戴高樂」號航空母艦艦載機大隊後，第12艦載機中隊的「陣風」M參加了它們的首次大規模演習（「黃金三叉戟」）。5月18日，官方正式宣佈該大隊的重組。

界面不合理，但是支持者卻指出由於「陣風」的廣角HUD、觸摸屏和創新性的中央顯示器，它的座艙是世界上現役和研製中最現代化的。如之前所提到的，雙座佈局使其可以執行新的任務，在執行複雜攻擊任務時，「陣風」B/N可以充當高速指揮機，給無人駕駛戰鬥機（UCAV）充當控制站。在飛行員操縱飛機之時，後座成員可以查看數據鏈傳輸過來的實時數據和情報，並作出重要決定。實際上，戰鬥機和UCAV混合機群的概念是強電磁環境的必然產物，要獲得制空權，就必須在不暴露飛行員位置的條件下摧毀敵方的現代化防空系統。

「陣風」還安裝了兩套薩基姆公司的激光陀螺慣性導航系統和GPS，能夠在不依賴外界脆弱的導航系統的條件下，實現高度精確的自動化導航。強大的和開放式的架構能夠融合各種傳感器彙集來的數據（GPS，大氣數據傳感器系統和用於地形匹配的雷達高度計），同時進行全面監控。

在自衛方面，「陣風」裝備了高度自動化和高性能的防禦系統——過去十年中防空系統不斷擴散，這給機載電子戰專家帶來了很大的壓力，這種系統成為必需品。此外，潛在的敵方戰鬥機也裝備了更為高效的火控系統。泰利斯機載系統公司與MBDA公司聯合研製的「陣風」戰鬥機對抗威脅的自衛設備（SPECTRA，即「頻譜」）是一種非常先進的自衛系統，安裝了完善的整體式電子戰系統，並且可以安裝在機身內部，而不佔用武器掛架位置。它採用了被動式紅外探測技術，能夠提供有效的電磁探測、激光告警和導彈迫近告警；在嚴苛的多威脅環境中，能夠提供有效的干擾和撒布箔條/曳光彈。該系統由4個不同的模塊組成，傳感器遍佈機身各處，實現了全面覆蓋。

微電子技術的進步使得系統越來越輕、越來越緊湊，與其前輩們相比，對電力和散熱的要求卻降低了。由於採用了先進的數字技術，「頻譜」（SPECTRA）電子戰系統能夠對目標進行遠距離的被動式探測、識別和定位，使飛行員和系統能夠立即採取防禦措施：干擾、釋放誘餌、躲避機動或者幾種方式的結合。即便是在強信號環境中，儘管技術細節仍然保密，但是據說其方位測定的精度也很高，信號識別所需的時間也很短。此外，極強的處理能力保證了出色的探測和干擾能力，有利於對目標作出快速反應。系統能夠分析傳輸過來的電磁信號，並對信號發射器的方向和位置進行準確定位。「頻譜」（SPECTRA）還可以記錄探測到的系統的位置和類型，用於之後的分析，為「陣風」的機組成員提供了信號情報/電子情報（SIGINT/ELINT）能力，從而降低對專業而昂貴的情報平台的依賴。以後的改進還將採用更先進的數據鏈系統，可以使兩架「陣風」對威脅進行瞬間三角測量，位置誤差在幾米之內。「頻譜」（SPECTRA）還可以在前線機場進行重新編程。

最近幾年來便攜式防空導彈的威脅越來越大，因此，「陣風」的機頭兩側

下圖：「陣風」C01被用於「魔術」II導彈的投擲/發射測試，該飛機通常會在翼尖攜帶兩枚「魔術」II導彈模型。該飛機翼尖經常攜帶的另一種武器是「會發煙的魔術導彈」，這是為了在航空表演時增強視覺效果。

上圖：進行加固型飛機掩體適應性測試的B01。根據法國空軍的預算，「陣風」中隊的人員要比「幻影」2000中隊少20%。

和尾部都安裝了激光告警系統，能夠進行360°的覆蓋。對來襲的肩射式、激光波束制導導彈的探測和告警方面，即便是面對被動式紅外制導武器，先進的紅外（IR）導彈迫近告警器也能夠保證很高的探測概率，同時降低假警報的概率。該系統可以在很遠的距離上發現來襲導彈的尾焰，而不暴露「陣風」的位置。4個向上發射的發射器模塊可以使用不同種類的干擾彈——曳光彈或者光電誘餌——它們安裝在機身內部，「陣風」當然還安裝了內置的箔條發射器。

「頻譜」（SPECTRA）可不是傳統意義上的自衛系統，它能夠與泰利斯公司提供的傳感器（RBE2多模式電子掃瞄雷達和FSO被動式前扇區光學系統）相結合。同樣，它能夠改善態勢感知能力，因為各種途徑獲得的數據都會融合成同一個戰術圖像，為飛行員提供不斷變化的戰術態勢的清晰圖像。致命區域取決於探測到的防空武器的類型和當地的地形，「頻譜」（SPECTRA）能夠將其顯示在彩色戰術顯示器上，從而使機組成員避開危險區域。這種智能數據融合系統能夠明顯提高任務的成功率，同時提高戰機的生存能力。

「頻譜」（SPECTRA）在「陣風」上的首次機載試驗是在1996年9月進行的——M02號原型機為此進行了改裝。從那以後，該系統的測試完全是在複雜的電子戰假想情況下進行的。例如，

2000年8月在法國南部進行的北約Mace X綜合測試中，「陣風」M02與各種最新式防空系統進行了對抗。據說，它在「響尾蛇」NG、「西北風」、丹麥增強型「鷹」（DE-Hawks）、丹麥陸軍低空防空系統（DALLADS）、挪威先進地對空導彈系統（NASAMS），甚至是美國的SA-15模擬器和德國的SA-8導彈面前表現得無懈可擊。該系統已經完全投產，並在法國海軍航空兵的「陣風」上裝備使用。此外，該系統在設計時還考慮到了進一步發展和改進的需要，包括拖曳式雷達誘餌和激光紅外（IR）對抗轉向塔，以對抗來襲的紅外制導導彈。但是，達索和泰利斯公司的工程師們自信地認為，「頻譜」（SPECTRA）已經能夠處理現有的和可預見的未來會出現的威脅。因此，這些改進措施即便是必要的，也是在比較遙遠的未來。

為了穿透戰爭的迷霧，「陣風」安裝了先進的通信設備，該系統由4套無線電設備組成。一個是甚高頻/超高頻電台，一個是加密UHF電台，另外兩個是多功能信息分佈系統—小容量終端（MIDS-LVT）。在現代戰爭中，信息和態勢感知數據是成功的必要條件，而未來的網絡中心戰概念是關鍵的促進器。在技術方面最重要的進步是全球軍事「信息空間」時代的到來，它將改變未來作戰方式，使設備可以以極高的速率進行戰術數據的交換和分享。這些影響將會把各個軍種帶到特定的「作戰空間」。

「陣風」在設計之初就具備數據鏈能力。對於法國軍方和其他潛在的北約框架內的用戶，「陣風」將安裝安全和通用的多功能信息分佈系統—小容量終端（MIDS-LVT）Link16數據鏈系統。這種由法國、德國、意大利、西班牙和美國聯合研製的輕型（64磅，即29千克）小容量終端（LVT）能夠以200Kb/s的速率傳輸和接收數據。有了多功能信息分佈系統—小容量終端（MIDS-LVT），編隊中的每一架「陣風」都能夠獲取其他飛機、地面站和AWACS獲取的傳感器數據。數據鏈給空戰戰術帶來了根本性的變化，能夠使飛機在靜默攔截/攻擊時獲取目標信息。

掌握數字技術是設計多功能信息分佈系統（MIDS）的必要條件，EuroMIDS集團公司和它的美國合作夥伴研製出了一種非常輕的小容量終端（LVT），內含一套戰術空中導航（TACAN）系統。LVT有兩根天線，能夠進行360°覆蓋。「獵鷹」20和「幻影」2000又一次被用做測試平台。在「陣風」機載測試中，該設備成功與C3模擬器和綜合測試裝置進行了數據交換。2001年夏天，兩架安裝了MIDS-LVT的「陣風」與一架安裝了聯合戰術信息分佈系統（JTIDS）的E-2C「鷹眼」進行了聯合演練。首批生產型MIDS-LVT於2003年開始交付，在F2標準的「陣風」飛機上形成完全作戰能力。未來通過採用先進的衛星通信系統，「陣風」的信右圖和下圖：法國海軍航空兵接收的前4架「陣風」M（M2至M5）是LF1標準的（沒有機炮，只能發射「魔術」II導彈，RBE2和SPECTRA性能也很有限）。從M6以後，交付使用的就是F1標準型了。最初的樣機後來也提升到了這一標準。2002年中，第12艦載機中隊的10架F1標準的飛機全部到貨。後來交付的是F2標準型，這些飛機用於取代「超軍旗」。

息共享能力還將得到提高。對於非北約國家，泰利斯和達索公司設計了LX-UHF戰術數據鏈，已經有兩個客戶為其「幻影」2000戰機選擇了該設備。這種高科技、抗干擾、可視通路系統可以與Link16數據鏈相媲美。

1999年，泰利斯公司宣佈將為RBE2雷達提供有源相控陣，這也將提升出口潛力。儘管與以前的機械掃瞄雷達相比，創新性的RBE2已經具有了很大的發展，而採用有源相控陣則將確保雷達在很長一段時間內仍然堪用。1990年，泰利斯公司開始研究有源相控陣技術，並在該領域取得了重大進步。該公司在進行多項研究計劃，包括地面/海上和機載應用，同時還參與了歐洲聯合進行的機載多模式固態有源相控陣雷達（AMSAR）計劃，一旦該計劃成功，生產型雷達將用於「陣風」和「颱風」的中期壽命升級。

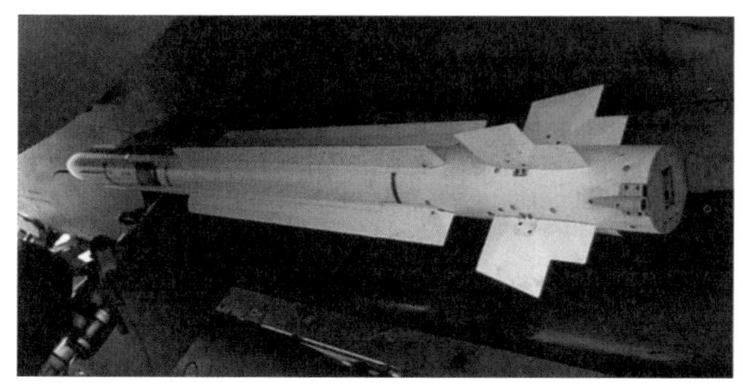

上圖和左圖：儘管總體來說，歐洲戰鬥機「颱風」和「陣風」的性能相近，但是它們在特定領域中各有所長。「陣風」比「颱風」的空對面武器要多。法國空軍和法國海軍航空兵採購的雙座型都要多於單座型，在進行複雜的攻擊和偵察任務時，武器系統操作員將發揮重要作用。

RBE2採用的有源相控陣由大約1000個砷化鎵（GaA）固態傳輸/接收模塊組成，這些元件都嵌入在天線中，性能更強，探測距離也更遠。由於新式天線內在的冗余度，它的可靠性也更好。對老式雷達來說，一個發射器和接收器的故障可能導致整部雷達失靈，而對於有源相控陣雷達來說，即便1%的傳輸/接收模塊出現故障，這對雷達性能的影響也微乎其微。另外，每一個模塊的輻射波束的方向都可以精確控制，因此雷達可以以極高的速度掃瞄極大的範圍。新式天線可以將RBE2雷達的方位角覆蓋範圍從無源相控陣時的+/ - 60°增加至+/ - 70°。這等於增加了一部機械掃瞄雷達。另外，探測距離也至少比無源相控陣高出50%。

而且，RBE2的開放式架構便於升級，新式相控陣可以做到「即插即用」。它能夠安裝在標準型RBE2雷達上，而無需對處理設備作任何改進。只需給全新的電腦程序打個補丁或者對線路系統稍作改進，便能滿足客戶急需的改進要求。有源相控陣於2006年實用化，儘管官方仍未表態，但一般認為從那以後，法國軍方就邁進了有源相控陣雷達技術時代。

武器系統

為了充分利用「陣風」的武器掛載能力，法國海軍的「陣風」擁有14個外掛點，海軍型則擁有13個。達索公司給出的最大外掛載荷是20925磅（9500千克）。外掛點中包括5個可攜帶副油箱的

上圖：在法國薩佐附近進行的「米卡」空對空導彈的發射試驗。法國軍方將同時裝備紅外制導型和雷達制導型。

「濕」掛架。

馬特拉—英國宇航動力公司的MICA導彈（攔截、空戰和自衛導彈，或簡稱「米卡」）是「陣風」裝備的主要空對空武器。這種輕型（246磅，即112千克）導彈能夠應付超視距作戰和近距離格鬥兩種情況。噴氣偏射系統、長長的尾翼和氣動控制翼面賦予了多用途的「米卡」導彈出色的機動性，負載係數甚至可以到達50g。法國空軍和海軍都將裝備兩型導彈——雷達制導的「米卡」EM（電磁）和紅外制導的「米卡」IR（紅外）。這兩型導彈的彈體、彈頭和發動機是相同的，這有效降低了成本。唯一的區別在於導引頭。

「米卡」EM的主動雷達導引頭意味著武器在發射後完全自我控制，使飛行員可以同時攻擊多個目標，或者在發射導彈後立刻撤離，以減少在高威脅環境中的停留時間，使敵人沒有開火的機會。測試的巔峰當屬一架戰鬥機發射兩枚導彈，攻擊兩個相距甚遠的目標。目前「米卡」EM已經裝了達索公司的「幻影」2000-5戰機——法國空軍、中國台灣空軍和卡塔爾空軍，阿聯酋空軍也為其「幻影」2000-9戰機訂購了這種導彈。

「米卡」IR則是用於取代馬特拉—英國宇航動力公司生產的服役時間較長的「魔術」II短程紅外制導空對空導彈，用於裝備F2標準的「陣風」。IR導引頭有很多優點，而且由於採用了雙波段成像技術，因此使導彈具有出色的角度分辨能力。它還具有很強的隱蔽性。當這種被動尋的導引頭與FSO配合使用時，能夠實現「靜默」攔截；當與Topsight系統配合使用時，可以實現離軸發射。

但是，在「陣風」上安裝這兩種導彈的前景也並不是確定不變的。由於遠程導彈的出現，如美國雷聲公司的AIM-120 AMRAAM和俄羅斯信號旗設計局的R-77（北約代號AA-12「蝰蛇」），使得法國國防部不得不重新考慮自身的戰略，可能會需要射程更遠的導彈。在1999年6月的巴黎航展上，法國國防部的一份聲明意味著法國有可能要參加歐洲「流星」計劃——一種為EF2000歐洲戰鬥機「颱風」研製的武器。這種導彈會裝備英國皇家空軍，是所謂的超視距空對空導彈（BVRAAM）計劃的一部分。另一個競標者（現在已經出局）是雷聲公司的未來中距空對空導彈（FMRAAM），這是AIM-120 AMRAAM的衍生型號，安裝了新的導引段和火箭發動機或沖壓發動機。

法國軍方參與了科索沃的作戰行動，作戰經驗表明自由落體炸彈在未來衝突中的作用越來越小。而智能武器卻可以有效摧毀高價值目標，同時減少附帶傷亡。因此，「陣風」無疑會安裝精確制導彈藥。「陣風」的主要空對地武器是馬特拉—英國宇航動力公司的「阿帕奇」和「斯卡普」EG系列隱形巡航導彈。「阿帕奇」（Apache）是配備可噴射彈藥的推進式反跑道武器的法文字首縮寫，用於攻擊敵方空軍基地，從而迅速獲得制空權。這種武器的紅外和雷達信號很低，有助於自身隱藏在背景雜波中，攜帶的10個「克瑞斯」反跑道子彈藥，能夠橫向和縱向發射。

「斯卡普」EG（EG是法語「通用」的首字母）是一種遠程隱形巡航導彈，安裝常規彈頭，突防能力很強。它用於對具有良好防護的高價值加固目標進行預定攻擊。由於安裝了GPS/地形參照導航系統，「斯卡普」一旦發射，就可以完全自主攻擊；在接近目標的最後階段，被動紅外成像導引頭將會開始工作。自動目標識別算法可以將真實地形和預載的圖像進行比對，能夠以極高的精度識別目標和選擇攻擊點。法國可能會購買500枚導彈，其中50枚交給法國海軍航空兵，儘管該系統的研發經費很緊張。總而言之，這種武器的採購數量可能會相對較少。

法國國防部的專家決定研製一種廉價武器，也就是模塊化空對地武器（AASM）。這一概念指的是一系列模

下圖：2001年，B01號機正在為出口型「陣風」進行保形油箱（CFT）的試飛。在飛機進氣道外側的「斯卡普」、「米卡」和GBU-12格外搶眼。

塊化全天候攻擊武器，採用GPS/慣性導航制導，其中部分型號還安裝了末端引導頭以提高精度。AASM套件首先用於安裝在550磅（250千克）的炸彈上，不過以後不同重量和威力的安裝AASM套件的彈藥也將加入法國空軍的庫存中，包括安裝火箭推進器的彈藥。推進型AASM在45000英尺（13700米）的高度發射時，射程可以達到32海里（60千米），誤差在3英尺（1米）之內。共有31個競標商參與了合同競標，最終有3家公司進入最後競標，分別是法國宇航/馬特拉導彈公司、馬特拉—英國宇航動力公司和薩基姆公司。2000年9月，薩基姆公司宣佈獲勝，2005年第一批3000發AASM進入法國空軍和法國海軍航空兵中服役。

下圖：翼尖發射導軌和後機身掛架使「米卡」導彈可以自由掛載在任何配置中。機身掛點的使用條件限制在4g的飛行包線內，因此它們一般用於攜帶主動雷達制導的EM導彈，不大可能用於高機動作戰。

在F3標準階段，「陣風」將可以攜帶各種空對面武器。未來反艦導彈（ANF）儘管遭遇了瓶頸期，但未來可能會用於取代掠海飛行的AM-39「飛魚」導彈。這種遠程超音速（2.5馬赫）發射後不管的武器採用沖壓發動機推動，在射程和突防能力方面具有很高的作戰效率，能夠全天候作戰。極高的末段機動性和極高的速度使其可以有效對抗反導武器。ANF是新系列多用途超音速導彈的第一位成員，該項目衍生自「灶神」（Vesta）氣動和推進計劃。該計劃開始於1996年，原訂計劃於2002年進行3次試飛。「灶神」（Vesta）計劃的目標是降低ANF可能會遇到的風險，並尋找有助於降低採購和保養成本的方案。原計劃在2008—2010年間第一種空射型導彈開始服役。

未來的防區外發射核武器——改進型中程空對地導彈（ASMP-A）也有可能從「灶神」（Vesta）計劃的技術中獲益。這種新式准戰略核導彈將會超越現役裝備於法國空軍「幻影」-2000N和海軍「超軍旗」的中程空對地導彈（ASMP）。ASMP-A採用了現有裝備的基本結構，但是發動機用的是新一代液體燃料推進的沖壓發動機。它的特點是燃燒時間長，能夠有效提高射程，以及更具攻擊性的彈道。預可行性階段完成於1996年，可行性/定型階段完成於1999年。全尺寸研製開始於2000年，在「幻影」2000N和「陣風」上的初始作戰能力

（IOC）於2008年實現。

法國地面武器工業集團公司（GIAT）專門為「陣風」研製了30 M 791機炮。這是世界上唯一一種能夠每分鐘發射2500發炮彈的30毫米單管機炮。這種技術先進的機炮攜帶的30×150毫米炮彈也是專門研製的，具有很高的穿甲和燃燒能力，以及很好的破片和爆炸效果。30 M 791機炮具有很高的發射速率和很高的初速度（每秒3362英尺，即1025米），從而提高了命中率。機炮位於右側進氣道處，重264磅（120千克），能夠瞬時開火，採用了電子點火技術。各種型號的「陣風」都攜帶125發炮彈，這也就意味著正常的半秒鐘開火就會發射出21發炮彈。這種機炮的空對空有效射程是4900英尺（1500米），彈藥裝填設備可以在安全的時候將臭彈彈出。

但是，海軍的雙座型「陣風」可能會取消機炮，以便為航電設備留出空間。空軍型「陣風」將此類航電設備安裝在機輪艙附近，而海軍型的前起落架較大，因此阻礙了航電設備在此位置的安裝。

生產訂單

1998年12月，在法國西南部波爾多—梅裡尼亞克舉辦的一次慶典上，第一架生產型「陣風」交付法國國防部。1999年7月，第一架生產型「陣風」M雙座機（編號B301）交付。但是生產速度依然很慢。2001年只交付了6架飛機，2002年10月之前也只交付了13架F1標準的「陣風」（兩架「陣風」B和1架「陣風」C交付法國空軍，10架「陣風」M交付法國海軍）。組裝工作在達索公司的4個工廠進行：機身在阿讓特伊製造，機翼在馬蒂尼亞製造，尾翼在比亞里茨製造，而最後的組裝則是在波爾多—梅裡尼亞克。

法國空軍最初計劃購買250架「陣風」，隨後將採購數量減少了16架；法國軍方也更改了採購計劃。剩下的234架「陣風」中，95架是單座型，139架是雙座型。單座型與雙座型的分配比例是根據軍方的「幻影」2000N/D使用經驗決定的。值得一提的是，美國國海軍在「超級大黃蜂」的採購訂單中同樣也提高了雙座型的比例。法國海軍航空兵最初計劃採購86架單座型「陣風」M，但是由於預算削減，總數降低到了前面所提到的60架，法國海軍還決定在訂單中增加N型。儘管法國海軍沒有宣佈單座型與雙座型的分配比例，但是據估計可能是25架M型單座機和35架N型雙座機。

按照原訂計劃，第一架「陣風」N於2005年升空，2007年開始交付作戰部隊。但是預算削減無疑會影響到時間表。總的來說，最有可能的結果是在2020年左右交付的F1、F2和F3標準的「陣風」總數達294架。

為了降低研製和採購成本，並降低風險，達索公司和法國國防部採用了逐

步研發和交付使用的策略。第一批交付法國空軍的3架飛機（雙座型B301和B302，單座型C101）和交付法國海軍的10架飛機（M1～M10）是F1標準的飛機。這種標準的飛機專門用於空戰和防空作戰，攜帶「米卡」EM雷達制導導彈和「魔術」II短程空對空導彈。但是，RBE2電子掃瞄雷達還不具備空對地模式。F1標準的「陣風」M於2000年服役，第一支列裝部隊是第12艦載機中隊布列塔尼的蘭迪維索海軍航空站，該部成立於2001年5月。

「陣風」B301、B302和M1用於F2標準的研發，主要在伊斯特進行。但是從2002年起，M1有一半的時間歸蘭迪維索的第12艦載機中隊使用。經過改進的F2標準的「陣風」可以進行空對地攻擊，並可以使用「斯卡普」巡航導彈和低成本的AASM等先進武器。F2標準的「陣風」還將裝備FSO、Link16多功能信息分佈系統—小容量終端（MIDS-LVT）和具備空對地模式的RBE2雷達。此外，高分辨率的三維數據庫將使「陣風」可以在低空進行自動地形跟蹤，「米卡」IR導彈也將取代「魔術」II。而且海軍的「陣風」還將安裝空中受油管，並可以進行夥伴加油。目前訂購了48架F2標準的「陣風」，研製工作的全面授權簽署於2001年1月26日。在這48架飛機中，33架是為法國空軍準備的空軍型，另外15架是M型和N型。原計劃第一架F2標準的「陣風」於2004年服役，2005年完全形成戰鬥力。但是，實際進展比原定時間表滯後了1年。

從2008年以後交付的198架「陣風」B/C和「陣風」M/N是可變任務的F3標準的飛機。它們能夠執行一些特殊任務，例如，使用ASMP-A導彈進行核攻擊，使用「飛魚」或ANF進行反艦任務，攜帶新一代偵察吊艙（即Pod Reco NG）執行偵察任務，攜帶夥伴加油吊艙進行空中加油——當然比F2標準的「陣風」使用的技術要先進。法國海軍的F3標準的「陣風」將會取代「超軍旗」，儘管「超軍旗」可以發射「飛魚」導彈，一部分 「超軍旗」現代改進型還在機腹安裝了偵察系統，但是F3標準的「陣風」性能則更為先進。近幾年來，偵察技術突飛猛進，新一代偵察吊艙（即Pod Reco NG）無疑會增強法國空軍的偵察能力。該吊艙於2008年開始裝備「陣風」，而「幻影」F1CR則於2005年開始退役。

為了實現機群的標準化，所有F1標準和F2標準的「陣風」都會陸續在以後的維修保養過程中逐步升級到F3標準。F4標準的設想已經提出來了，但是其具體特徵仍未可知。除了已經得到預算支持的MBDA公司的「流星」遠程空對空導彈，它還可能會採用保形油箱。為了打開海外市場，F4標準的「陣風」還將採用有源電子掃瞄的RBE2雷達和升級的M88-3發動機。

值得注意的是，儘管「陣風」原型機和各系列型號外觀很相似，但是還是

左圖和下圖：與其競爭對手歐洲戰鬥機相比，「陣風」原型機為了打開出口市場而四處展覽表演。最好的促銷展示機當屬B01，它可以讓感興趣以及有影響力的空軍指揮官坐在後座進行飛行體驗。圖中這架飛機拍攝於1998年的韓國首爾國際航展。對達索公司來說，韓國的購買前景比較明朗，因為該國需要一種重型戰鬥機，即所謂的F-X需要。據說從技術角度考慮，「陣風」是最好的選擇，但是出於政治考慮，波音公司的F-15K最終獲勝。但是採購計劃一度因為預算削減而中斷。

存在很大的區別。例如，生產型「陣風」安裝了強化型起落架，從而可以攜帶更多的載荷，而且採用了更強大的空調設備。它們的紅外信號特徵也明顯降低。原型機的最大起飛重量大約是43000磅（19500千克），而生產型的最大起飛重量（MTO）超過了54012磅（24500千克），最重要達到57300磅（26000千克）的目標——這對一種體形較小的飛機來說已經算是很大的成就了。

儘管「陣風」是為法國空軍和法國海軍航空兵設計的，主要考慮的是法國軍方的作戰需要，但是通過相應的改進，「陣風」在海外市場上也有一定的吸引力。因此，達索公司、泰利斯公司和斯奈克瑪公司共同發起了所謂的「Mk 2行動」——這是一個階段性改進計劃，專門為了潛在的外國客戶的需要，而對「陣風」的系統進行量身定做。各承包商和法國政府達成協議，共同出資支持新型號的研製。按照原訂計劃，2001年正式開始全尺寸研製。如同「陣風」在法國軍方中服役的情況一樣，出口型「陣風」也採用了逐步改進的方法。各種不同的型號安裝不同等級的設備，具體情況如下：

型　號	設　備
Block 05	FSO 保形油箱（作戰時） 語音控制系統 3D數據庫地形跟蹤系統 GBU-12激光制導炸彈 Mk82通用炸彈 「斯卡普」防區外發射巡航導彈 「米卡」IR導彈（只有近戰型） 數據鏈
Block 10	M88-3發動機 RBE2有源陣列 雷達地形跟蹤能力 合成孔徑雷達（SAR）模式 頭盔顯示器 「米卡」IR導彈（具備BVR攔截模式） AASM精確制導武器 「飛魚」反艦導彈 Pod Reco NG偵察吊艙 空中受油管
Block 15	「流星」空對空導彈 後續的航電設備升級

左圖：在20世紀80年代，「陣風」尚在研製之時，設計師們已經考慮到現有的和計劃中的航電設備將會減輕飛行員的常規工作負擔，使其能夠集中精力應付當前任務的重要方面。根據海灣戰爭的經驗，法國率先承認，在執行複雜對地攻擊任務時，特別是在防空火力很強的作戰環境中，戰機只有一名飛行員的話，飛行員所承擔的工作負擔過重。因此，「陣風」的訂單經過了修改，大部分都是雙座機。這一決定受到了不少人的嘲笑，但是這之後很多其他戰機計劃也都採用了類似的方式：薩伯（「鷹獅」）、波音（「超級大黃蜂」）、米高揚（米格–29M2）和蘇霍伊（蘇–30），甚至歐洲戰鬥機也在探索和研究具備全任務能力的雙座型，以便應對複雜的作戰任務。這些任務中包括指揮和控制其他戰機和無人駕駛戰鬥機（UCAV）。

一些設備的集成工作已經展開。達索公司在2000年進行了一系列的試飛，以驗證「陣風」投擲GBU-12激光制導炸彈的可行性。投擲試驗是在薩佐進行的，使用的是雙座原型機B01。世界上很多國家的空軍都使用GBU-12，法國的「幻影」F1CT、「美洲虎」、「幻影」2000D和「超軍旗」現代改進型都已經使用了該種炸彈。

試飛中最典型的武器配置是在機翼下攜帶4枚GBU-12、4枚「米卡」和兩枚「魔術」空對空導彈，外加3個528加侖的副油箱。這種組合賦予了「陣風」強大的火力和很遠的航程。採用這種武器配置時，作戰半徑據說達到了800海里（1480千米）。「陣風」還具有很好的自我護航能力。以後「陣風」還可能攜帶其他激光制導武器，如500磅（227千克）的GBU-22和2000磅（907千克）的GBU-24「鋪路石」III炸彈。有傳言稱，雷聲公司正勸說達索公司考慮讓「陣風」攜帶新一代的AIM-9X「響尾蛇」空對空導彈，這對雙方裝備的出口都有利。

下圖：第12艦載機中隊的「陣風」M的垂尾上噴吐著淺色的徽章，該中隊的徽章小有名氣，畫的是一隻唐老鴨拿著一支喇叭槍。

上圖：「陣風」攜帶較重載荷時，其低空性能也同樣出色。由於採用了數字式地形數據庫，「陣風」可以在不使用地形跟蹤雷達的情況下進行自動地形跟蹤，避免暴露飛機位置。

左圖：泰利斯和MBDA團隊以「頻譜」（SPECTRA）為豪，特別是其定向ECM性能。2000年8月在法國南部進行的北約Mace X綜合測試中，SPECTRA充分證明了自己的價值。上面的圖標就是那時出現在「陣風」M02號機上的。垂尾頂部安裝了多個SPECTRA部件，包括後向干涉儀和激光告警器。

詳細參數

翼展（包括導彈）	35英尺9.125英吋（10.90米）
機身長度	50英尺2.375英吋（15.30米）
高度	17英尺6.25英吋（5.34米）
空重	大約20925磅（9500千克）
最大起飛重量（初始型號） 最大起飛重量（發展型號）	42951磅（19500千克） 49559磅（22500千克）
高空最大速度 低空最大速度 進場速度	兩馬赫 750節（1390千米/小時） 115節（213千米/小時，採用典型武器配置）
起飛距離	執行防空任務時1312英尺（400米） 執行對地攻擊任務時1968英尺（600米）
作戰航程	保密
實用升限	59055英尺（18000米）
過載	+9g至-3.6g
作戰半徑	執行對地攻擊任務時作戰半徑591海里（1093千米），攜帶12500磅炸彈，4枚「米卡」導彈，一個2000升和兩個1250升副油箱； 執行防空任務時作戰半徑1000海里（1853千米），攜帶8枚「米卡」導彈，兩個2000升和兩個1250升副油箱。
座艙	根據型號而定，單座型只有一名飛行員，雙座型有一名飛行員和一名WSO，安裝馬丁—貝克公司的Mk16F彈射座椅
發動機	兩台斯奈克瑪公司的M88-2渦扇發動機，每台發動機淨推力10960磅（48.75千牛），開加力時推力16413磅（73.01千牛）

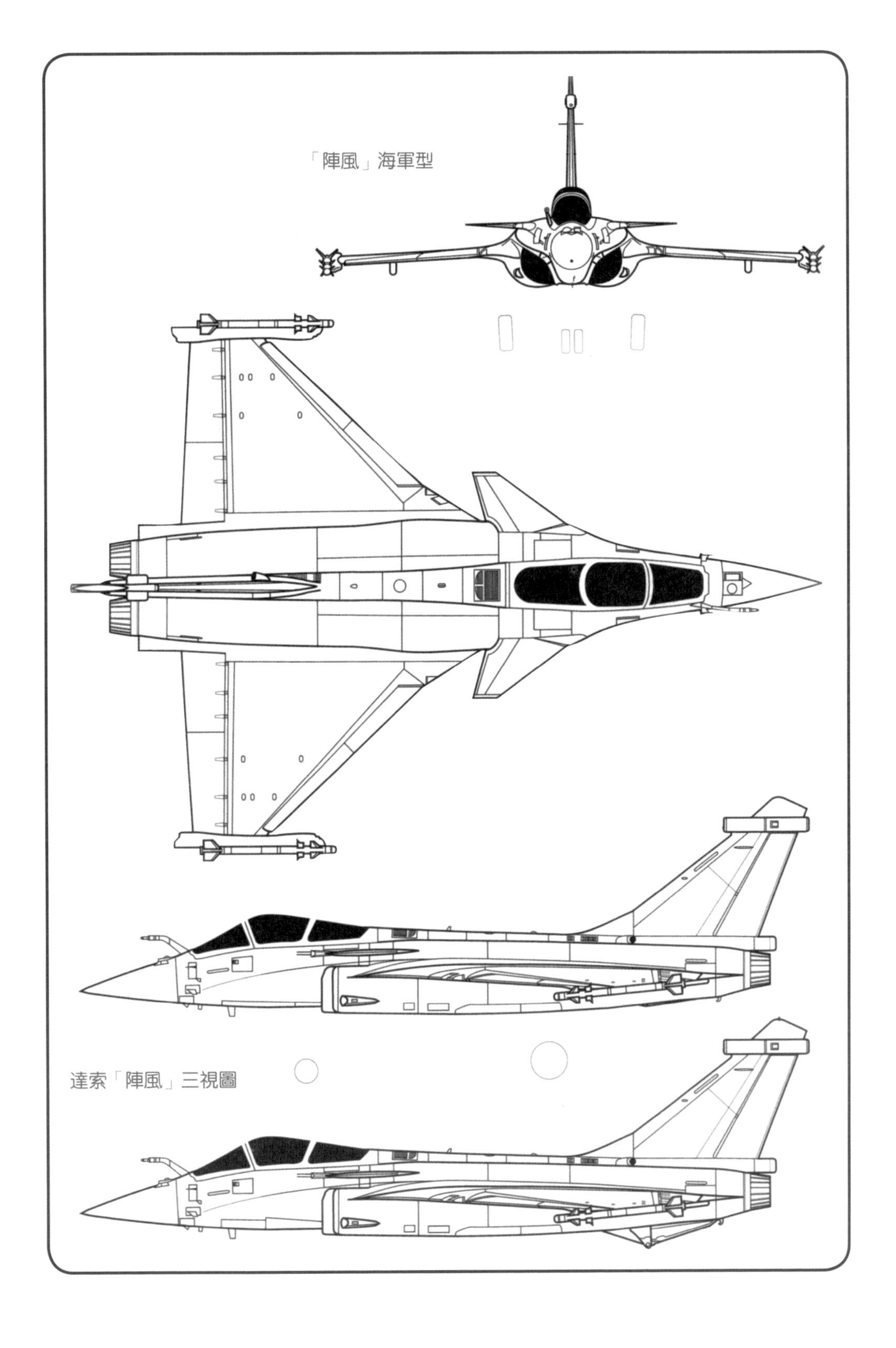
「陣風」海軍型
達索「陣風」三視圖

下圖：達索「陣風」（B01號原型機）作為法國的最新型戰鬥機，於2005年開始在法國空軍中服役，B型和C型加入聖迪濟耶空軍基地的EC 1/7中隊。但是，蘭迪維索的法國海軍航空兵第12艦載機中隊卻於2001年就開始裝備「陣風」M了。

附錄1　計劃關鍵日期

洛克希德・馬丁F-22A「猛禽」

1971年	ATF概念提出
1981年	ATF計劃開始前的認真研究
1986年	美國海軍表示有興趣參與ATF計劃
1986年10月31日	洛克希德和諾斯羅普兩隊獲得了各製造兩架原型機的合同
1990年8月27日	諾斯羅普/麥克唐納・道格拉斯公司的YF-23首飛
1990年9月29日	首架洛克希德YF-22（PAV1）首飛
1990年10月30日	第二架洛克希德YF-22（PAV1）首飛
1990年12月20日	YF-22進行內置彈艙內的AIM-120空對空導彈的首次發射
1990年12月28日	YF-22完成試飛計劃，共計飛行74次，飛行速度超過了兩馬赫，在不開加力的情況下，速度可以維持在1.58馬赫。
1991年4月23日	洛克希德公司宣佈在ATF計劃競標中獲勝
1992年4月25日	第二架YF-22在著陸時發生意外（由於飛行員誘導震盪），再也沒能飛起來
1994年4月	洛克希德・馬丁公司為F-22研發所謂的空對面攻擊能力
1997年4月9日	第一架EMD F-22A（4001號機）在喬治亞州瑪麗埃塔滑跑
1997年5月	四年防務評估將F-22的生產總數減為339架
1997年7月10日	雙座型的研製計劃正式停止
1997年9月7日	4001號機首飛
1997年11月21日	AN/APG-77 AESA雷達開始進行機載試驗
1998年2月5日	4001號機由C-5B運輸機空運至愛德華空軍基地
1998年5月17日	4001號機開始在愛德華空軍基地進行測試
1998年6月29日	4002號機（PAV2）首飛
1998年8月26日	4002號機自行飛往愛德華空軍基地
1999年7月	美國國會投票削減2000財年的F-22A生產資金
2000年3月6日	第三架F-22A（4003號機，也是第一架完全安裝上典型內部結構的飛機）首飛
2000年3月15日	4003號機交付愛德華空軍基地
2000年7月25日	4002號機首次發射AIM-9導彈
2000年10月24日	首次發射AIM-120C導彈
2000年11月2日	4001號機結束飛行使命，被送至俄亥俄州賴特—帕特森空軍基地，用於地面測試
2000年11月15日	4004號機首飛
2001年1月5日	Block 3航電軟件安裝在4005號機上進行試飛
2001年2月5日	4006號機首飛
2001年3月	第一架生產型飛機（編號01-4018）開始進行組裝
2001年8月15日	小批量試生產（LRIP）得到授權

2001年9月	首次進行兩枚制導的AIM-120導彈的發射
2002年1月5日	4007號機（第一架安裝武器和傳感器的飛機）交付愛德華空軍基地
2002年4月25日	Block 3.1（DIOT&E標準）軟件在4006號機上進行試飛
2003年4月	專用初始作戰試驗和評價（DIOT&E）開始
2004年	大批量生產獲得授權
2004年底	第一批作戰型F-22A交付佛羅里達州廷德爾空軍基地的空軍培訓和訓練司令部（AETC）和維吉尼亞州蘭利空軍基地的第1空軍聯隊（FW）
2005年12月	第1空軍聯隊（FW）具備初始作戰能力（IOC）
2006年	Block 5軟件交付使用
2009年	部署在蘭利空軍基地的3個F-22A中隊（每個中隊24架）形成戰鬥力

洛克希德・馬丁F-35 JSF

1986年1月	美國航空航天局（NASA）和英國皇家航空學會（後來的英國國防評估與研究局，即DERA）簽署了一項涵蓋了「鷂」替代機的協議
1987年	美國海軍陸戰隊決定用一種先進的STOVL飛機取代自己裝備的「鷂」和F-18
1989—1990年	美國國防部先進研究計劃局（DARPA）為STOVL設計研究提供資金
1991年	洛克希德和通用電氣公司的風扇增升系統問世，DARPA說服美國海軍發佈需求草案
1993年3月	DARPA與洛克希德公司和麥克唐納・道格拉斯公司簽署ASTOVL/CALF計劃合同。隨後更多的公司參與進來
1993年	各軍種的戰鬥機計劃取消（JAST誕生）
1994年夏天	諾斯羅普公司承包了CALF計劃
1994年底	諾斯羅普公司同意與麥克唐納・道格拉斯公司和英國宇航公司合作研製JAST
1996年	JAST辦公室公佈原型機設計方案的需求
1996年12月	洛克希德・馬丁公司和波音公司入選下一階段的JSF計劃
1997年初	正式合同的簽署
2000年初	JORD發佈EMD設計方案的需求
2000年8月	通用電氣公司對JSF120-FX核心機進行測試，預計2010年交貨
2000年8月24日	普拉特・惠特尼公司的F119-614渦扇發動機首次進行全加力試車
2000年9月7日	X-35A航電設備的研製和整合工作完成
2000年9月18日	波音公司的X-32A首飛
2000年10月13日	X-35A開始進行滑跑測試
2000年10月24日	X-35A首飛
2000年11月7日	X-35A進行首次空中加油
2000年11月21日	X-35A飛行速度達到1.05馬赫
2000年11月22日	X-35A CTOL試飛結束
2000年12月16日	X-35C首飛
2000年12月28—29日	X-35A安裝上升力風扇和矢量噴嘴（被重新命名為X-35B）
2001年1月3日	X-35C開始進行陸上模擬著艦練習（FCLP）

2001年2月	洛克希德・馬丁公司和波音公司提出各自的方案
2001年2月22日	X-35B開始在帕姆代爾進行懸停坑測試
2001年3月10日	F119-611S發動機第一次在懸停狀態下進行淨推力全功率試車
2001年3月11日	X-35C完成在馬里蘭州帕圖森特河海軍航空站的測試項目
2001年5月22/23日	JSF計劃辦公室在STOVL測試前完成首次飛行準備檢查
2001年6月23日	X-35B完成首次垂直起飛和降落
2001年7月9日	X-35B完成首次從STOVL模式到CTOL模式的轉換
2001年7月16日	X-35B完成首次從依靠機翼飛行到垂直降落的轉換
2001年7月20日	完成X任務試飛（以STOVL模式進行短距滑跑起飛，之後進行超音速飛行，最後進行垂直降落）
2001年7月30日	X-35B完成試飛計劃
2001年8月中	洛克希德・馬丁公司和波音公司進行最後一搏
2001年10月26日	洛克希德・馬丁公司宣佈在JSF計劃競標中獲勝
2002年5月	加拿大、土耳其和丹麥成為JSF計劃的「合作夥伴」（加入了美國和英國的團隊）
2006年	原訂計劃中首架F-35戰鬥機試飛的時間
2008年	原訂計劃中F-35交付美國空軍和美國海軍陸戰隊的時間
2012年	原訂計劃中F-35交付英國的時間

歐洲戰鬥機「颱風」

1977年	多國（英國、法國和德國）開始有關新型作戰飛機的商討
1983年5月26日	EAP技術驗證機的製造得到授權
1983年12月16日	法國、西德、意大利、西班牙和英國發佈歐洲集團目標草案
1984年10月11日	完整版歐洲集團目標發佈
1985年8月1日	意大利、西德和英國同意繼續進行ACA設計，類似於EAP
1985年8月2日	法國退出，潛心研製自己的ACX（即「陣風」）
1985年9月2日	西班牙同意留在ACA設計共同體內
1986年8月8日	EAP首飛
1988年11月23日	全面研製合同簽署，計劃1995年服役
1992年5月11日	第一架原型機（DA1）交付至曼興機場
1992年6月6日	DA1開始安裝過渡性質的RB-199發動機進行試車
1994年1月	修正版歐洲集團需求獲得四國一致同意
1994年3月27日	DA1進行了歐洲戰鬥機的首飛
1994年4月6日	DA2安裝RB-199發動機進行首飛
1995年6月4日	DA3首飛，這是第一架安裝EJ200發動機的飛機
1996年1月	經過修正的分工獲得通過
1996年中	ECR-90（「捕捉者」）雷達開始在BAC 1-11測試平台上進行飛行測試
1996年8月31日	第一架雙座型DA6首飛
1997年1月27日	DA7首飛
1997年2月24日	DA5加入試飛梯隊，該機安裝了ECR-90雷達

1997年3月14日	雙座型DA4首飛
1997年12月15日	DA7完成首次「響尾蛇」導彈的發射
1997年12月17日	DA7完成首次AIM-120導彈的投擲
1998年1月	空中加油測試開始，使用的是英國皇家空軍VC10加油機
1998年6月17日	開始進行副油箱的投擲試驗
1998年9月	第一批生產訂單確定
1998年10月	出口型EF2000命名為「颱風」
1998年12月	主要部件的生產工作開始
1999年6月	開始進行空對面武器的地面測試
1999年10月	標準生產型EJ200-03Z發動機開始在DA3上進行飛行測試
1999年12月	攜帶3個副油箱時的飛行速度首次達到1.6馬赫
2000年9月8日	生產型飛機的最後組裝開始
2001年3月	DA5進行「捕捉者」雷達同時跟蹤20個目標的測試
2001年6月	DA7完成ASRAAM導彈的首次發射
2001年11月	首次發射紅外曳光彈
2002年4月5日	首架生產型飛機（IPA2）在伽塞雷首飛
2002年4月8日	IPA3在曼興首飛
2002年4月15日	IPA1加入試飛梯隊
2002年4月	DA4完成進行制導的AMRAAM導彈的首次發射
2002年	首批飛機交付作戰評估/轉換部門
2004/2005年	第一支作戰中隊形成戰鬥力
2010年	按照原訂計劃，先進的第3批次飛機服役

薩伯「鷹獅」

1976年	B3LA未來戰鬥機研究開始
1982年6月30日	5架原型機和第1批30架飛機的首份合同簽署
1988年12月9日	「鷹獅」原型機（編號39-1）首飛
1989年2月2日	39-1號機在降落事故中墜毀
1990年5月4日	第二架原型機（編號39-2）首飛
1990年12月20日	第一架雙座原型機（編號39-4）首飛
1991年3月25日	39-3號機首飛。這是第一架安裝了全套航電設備的「鷹獅」，除了雷達之外
1991年10月23日	39-5號機首飛。這是第一架安裝雷達的「鷹獅」
1991年	以Rb74「響尾蛇」試射為開端的武器測試工作開始
1992年6月3日	第二批次生產得到授權，包括96架JAS39A和14架JAS39B
1992年9月10日	第一架生產型飛機（編號39101）首飛
1993年6月8日	39102號機是交付索特奈斯空軍基地的F7聯隊第一架生產型飛機
1993年8月18日	39102號機在斯德哥爾摩上空進行飛行表演時墜毀
1996年4月29日	第一架雙座型JAS39B原型機（編號39800）首飛
1996年8月20日	第二批次的首架樣機（編號39131）首飛
1996年11月22日	第一架生產型JAS39B雙座機（編號39801）首飛

1996年12月13日	第三批次生產得到授權，包括50架JAS39C和14架JAS39D
1996年12月19日	第二批次的首架飛機交付使用
1997年11月1日	第一支「鷹獅」中隊（F7聯隊第1中隊）宣佈形成戰鬥力
1998年8月27日	KEPD-150武器進行首次受控飛行
1998年11月18日	南非選擇「鷹獅」
1999年9月30日	「鷹獅」開始裝備恩尼爾霍爾姆的F10空軍聯隊
1999年10月	KEPD-350武器開始進行測試
2001年12月10日	捷克共和國選擇「鷹獅」
2001年12月20日	匈牙利選擇「鷹獅」
2004年底	第一批「鷹獅」交付匈牙利
2007年	「鷹獅」開始交付南非

達索「陣風」

1982年6月	首次公開透露ACX研究
1983年4月13日	正式批准製造兩架（後減為1架）ACX技術驗證機
1985年8月2日	法國脫離歐洲戰鬥機計劃，獨立研製自己的「陣風」
1985年12月14日	「陣風」A驗證機在聖克盧揭開面紗
1986年7月4日	「陣風」A驗證機在伊斯特（安裝F404發動機）首飛，飛行速度達到1馬赫
1986年8月31日	「陣風」A在范堡羅航展上進行公開飛行表演
1987年2月14日	法國政府決定繼續進行「陣風」戰鬥機計劃
1987年3月4日	「陣風」A飛行速度達到兩馬赫
1987年4月30日	首次在航母甲板上進行模擬進場
1988年4月21日	全面研製得到授權
1990年2月27日	左側安裝一台M88發動機的「陣風」A首飛
1990年10月29日	「陣風」C在聖克盧揭開面紗
1991年5月19日	「陣風」C01在伊斯特首飛，飛行速度達到1.2馬赫
1991年6月13日	「陣風」C01在巴黎航展上進行公開飛行表演
1991年12月12日	「陣風」M01首飛
1992年6月13日	「陣風」M01開始在美國進行模擬甲板測試（新澤西州萊克赫斯特的海軍航空站）
1992年7月10日	RBE2雷達開始在「神秘」20上進行試飛
1992年12月23日	達索公司接到生產授權
1993年3月26日	首批生產訂單為兩架飛機（1架B型，1架M型）
1993年4月19日	「陣風」M01首次在「福煦」號上完成航空母艦上的降落
1993年4月20日	首次完成在航空母艦上的起飛
1993年4月30日	「陣風」B01首飛
1993年11月8日	「陣風」M02首飛
1994年1月24日	「陣風」A完成最後一次（第865次）飛行
1996年9月	「頻譜」（SPECTRA）電子戰系統進行首次機載（M02號機）試驗
1997年10月	第一部生產型RBE2雷達交付
1998年6月	第一架生產型飛機（編號B301）首飛

1998年12月	第一架生產型飛機（編號B301）交付梅裡尼亞克的法國軍隊
1999年7月	M01/M02首次在「查爾斯・戴高樂」號航空母艦上進行艦載使用
1999年7月	第一架生產型「陣風」M交付法國海軍航空兵
2000年7月	F1標準的「陣風」開始裝備「米卡」EM導彈
2000年12月4日	頭兩架LF1標準的「陣風」（M2和M3）交付蘭迪維索
2001年1月26日	F2標準的研製得到授權
2001年4月18日	安裝保形油箱的B01號機首飛
2001年5月	第12艦載機中隊在蘭迪維索重組
2001年5月	在「黃金三叉戟」演習中，「陣風」M首次大規模部署在「查爾斯・戴高樂」號航空母艦上
2004年	原訂計劃中首批F2標準「陣風」的服役時間
2005年	原訂計劃中首支裝備F2標準「陣風」的中隊形成戰鬥力的時間
2008年	原訂計劃中首批F3標準「陣風」的交付時間

附錄2　英文縮寫術語表

AAM：空對空導彈
AASM：模塊化空對地武器（法語首字母縮寫）
ACC：空軍作戰司令部
ACFC：風冷式飛行關鍵設備
ACP：音頻控制面板
ACT：主動控制技術
AD：防空
AdA：法國空軍
ADF：空優戰鬥機
AESA：有源電子掃瞄陣列
AEW：機載早期預警
AEW&C：機載早期預警和控制
AFFTC：美國空軍試飛中心
AFOTEC：空軍作戰測試評估中心
AFTI：先進戰鬥機技術綜合應用計劃
AGM：空對地導彈
AIL：航電綜合實驗室
AMI：意大利空軍
AMIC：航空軍工綜合體
AMRAAM：先進中距空對空導彈
AMSAR：機載多模式固態有源相控陣雷達
AMU：音頻管理組件
ANF：未來反艦導彈
AoA：攻角
APU：輔助動力裝置
ASEAN：東南亞國家聯盟
ASM：空對地導彈
ASMP-A：改進型中程空對地導彈
ASRAAM：先進短程空對空導彈
ASTA：機組人員合成訓練輔助系統
ASTOVL：先進短距起飛/垂直降落
ASW：反潛戰
ATF：先進戰術戰鬥機
ATFLIR：先進瞄準前視紅外系統
AWACS：機載預警和控制系統
AWACS：機載預警與控制系統
BVR：超視距
BVRAAM：超視距空對空導彈
CAD：腦輔助設計
CALF：通用廉價輕型戰鬥機
CAP：空中戰鬥巡邏
CAS：近距空中支援
CATB：聯合航電系統測試平台
CCDU：通信控制顯示單元
CDA：概念驗證機
CDL39：通信和數據鏈39
CFC：碳纖維複合材料
CFT：保形油箱
CINC：總司令
CIP：通用集成處理器
CNI：通信、導航和識別
COTS：商務現貨供應
CRT：陰極射線管
CT/IPS-E：駕駛員座艙訓練器/飛行員互動站—升級版
CTF：聯合試驗部隊
CTIP：連續技術插入計劃
CTOL：常規起降
CV：航母艦載型
DAB：國防採購委員會
DALLADS：丹麥陸軍低空防空系統
DARPA：美國國防部先進研究計劃局
DASS：輔助防禦子系統
DE-Hawks：丹麥增強型「鷹」
DemVal：演示驗證
DERA：英國國防評估與研究局
DIOT&E：專用初始作戰試驗和評價
DIRS：分佈式紅外傳感器
DVI：直接音頻輸入
DVI/O：直接語音輸入/輸出
ECM：電子對抗設備
ECS：環境控制系統
EdA：西班牙空軍
EFI：歐洲戰鬥機國際公司
EM：雷達制導
EMD：工程和製造發展
EMP：電磁脈衝
EO：光電
E-Scan：電子掃瞄
ESM：電子支援設備
EW：電子戰
Excom：執行委員會
F-22 SPO：F-22系統計劃辦公室
FADEC：全權數字式電子控制器
FBW：線傳飛控
FCLP：陸上模擬著艦練習

FCS：飛行控制系統
FJCA：未來聯合作戰飛機
FLIR：前視紅外系統
FMRAAM：未來中距空對空導彈
FMS：全任務模擬器
FMV：瑞典國防裝備管理局
FMV：PROV：瑞典國防裝備管理局下轄的測試部隊
FOAS：未來攻擊飛機系統
FOC：全面作戰能力
FPA：焦平面陣列
FQI：油量指示器
FSO：前扇區光學系統
FTB：飛行測試平台
FUS39：飛行改裝訓練系統39
FY：財年
GaA：砷化鎵
GCI：地面指揮截擊
GFRP：玻璃纖維強化塑料
GFSU JAS 39：「鷹獅」高級作戰訓練
GFU：基本飛行訓練（瑞典語首字母縮寫）
GMTI：地面移動目標指示
GPS：全球定位系統
GPWS：地面迫近警告系統
GTA：地面通信放大器
GTU：基本戰術飛行訓練（瑞典語首字母縮寫）
HAS：加固型飛機掩體
HAV：大攻角速度矢量
HE：高爆
High-Alpha：大攻角
HF：高頻
HMD：頭盔顯示器
HOTAS：手控節流閥控制系統
HRR：高分辨率
HUD：抬頭顯示器
ICAP-III：增加能力III
ICAW：提示/注意/告警
ICP：綜合核心處理器
ICS：內部干擾對抗系統
IFDL：機間數據鏈
IFF：敵我識別系統
IIR：紅外成像
ILS：儀表著陸系統
INS：慣性導航系統
IOC：初始作戰能力
IPA：裝測試設備生產型機
IR：紅外
IRIS-T：紅外成像系統—尾翼推進矢量控制
IRST：紅外搜索與跟蹤
IRSTS：紅外搜索與跟蹤系統
ITV：儀器測試載具
J/IST：聯合綜合子系統技術
J/IST：聯合綜合子系統技術
JAS：戰鬥/攻擊/偵察機
JASDF：日本航空自衛隊
JAST：聯合先進攻擊技術
JDAM：聯合直接攻擊彈藥
JHMCS：聯合頭盔目標提示系統
JIRD：聯合暫時需求文件
JOANNA：聯合機載導航和攻擊
JORD：聯合使用需求文件
JTIDS：聯合戰術信息分佈系統
KEPD：動能穿甲破壞者
KIAP：艦載戰鬥機航空團
KLu：荷蘭空軍
kN：千牛
lb st：磅推力
LCD：液晶顯示器
LDGP：低阻通用炸彈
LERX：翼根前緣邊條
LFI：輕型前線截擊機
LGB：激光制導炸彈
LLTV：低照度電視
LMTAS：洛克希德・馬丁公司戰術飛機系統部
LO：低可探測性
LO/CLO：低可探測性/反低可探測性
LPI：低攔截概率
LPLC：增升起飛/巡航
LRIP：小批量試生產
LSO：著艦指揮官
LSPM：大尺寸動力模型
Luftwaffe：德國空軍
MACS：模塊化機載計算機系統
MDC：微型引爆索
MDPU：模塊化數據處理單元
MFD：多功能顯示器
MFID：多功能儀表顯示器
MHDD：多功能低頭顯示器
MICA：攔截、空戰和自衛導彈（法語首字母縮寫）
MIDS：多功能信息分佈系統
MIDS-LVT：多功能信息分佈系統—小容量終端
MIRFS：多功能綜合射頻系統
MMH/FH：每飛行小時維修工時
MMIC：單片微波集成電路
MMT：多任務訓練器
MMTD：微型彈藥技術演示
MoD：國防部
MoU：諒解備忘錄
MTBF：平均故障間隔時間
MTO：最大起飛重量
MTOW：最大起飛重量
NAS：海軍航空站
NASA：美國航空航天局
NASAMS：挪威先進地對空導彈系統
NBILST：窄波束交錯搜索與跟蹤
NCTR：非合作目標識別
NETMA：北約歐洲戰鬥機和「狂風」管理局
NVG：夜視鏡
OBIGS：機載惰性氣體生成系統
OBOGS：機載制氧系統

OCU：作戰轉換中隊
OEU：作戰評估中隊
OSA：開放式架構
PIO：飛行員誘導震盪
PIRATE：無源紅外機載跟蹤設備
PMFD：主多功能顯示器
PRF：脈衝重複頻率
PRTV：產品型驗證機
PWSC：優選武器系統概念
RAE：皇家航空研究中心
RALS：遠距加力升力系統
RAM：雷達吸波材料
RCS：雷達截面
RF：無線電頻率
RFI：無線電頻率干涉儀
RMS：偵察管理系統
ROE：交戰規則
RSV：飛行試驗隊
RW：雷達告警
RWR：雷達告警接收器
SAR：合成孔徑雷達
SDB：小直徑炸彈
SEAD：對敵防空壓制
SES：儲能系統
SFIG：備用飛行儀表組
SIGINT：信號情報
SIGINT/ELINT：信號情報/電子情報
SMFD：輔助多功能顯示器
SPECTRA：「陣風」戰鬥機對抗威脅的自衛設備
SPS：後備式電源系統
Stanags：標準化協議
STARS：監視目標攻擊雷達系統
STOBAR：短距起飛/阻攔降落
STOL：短距起降
STOVL：短距起飛和垂直降落
StriC：作戰指揮和控制中心
T/EMM：熱/能管理模塊
T/R：傳輸/接收
TACAN：戰術空中導航
TARAS：戰術無線電系統
TBO：大修間隔時間
TER NAV：地形參照導航
TFLIR：瞄準前視紅外系統
TRD：拖曳式雷達誘餌
TRN：地形匹配導航系統
TU JAS 39：JAS 39作戰試驗和評估部隊（瑞典語首字母縮寫）
TV：電視
UCAV：無人駕駛戰鬥機
UFD：前上方顯示器
UHF：超高頻
VHF：甚高頻
VHSIC：超高速集成電路
VOR：甚高頻全向信標
VSWE：實際攻擊戰環境
VTAS：語音控制操縱桿系統
VTOL：垂直起降
WSO：武器系統操作員
WVR：視距內